Bernard Lovell:

Das unendliche Weltall

Geschichte der Kosmologie von der Antike bis zur Gegenwart

Aus dem Englischen von
Winfried Petri

Deutscher
Taschenbuch
Verlag

dtv

Ungekürzte Ausgabe
Mai 1988
Deutscher Taschenbuch Verlag GmbH & Co. KG,
München

Titel der amerikanischen Originalausgabe:
Emerging Cosmology
(Convergence Series – Founded, Planned,
and Edited by Ruth Nanda Anshen)
Columbia University Press, New York 1981

ISBN 3-406-08510-5
Umschlaggestaltung: Celestino Piatti
Umschlagfoto: Max-Planck-Institut für Radioastronomie,
Bonn/G. Hutschenreiter (100-m-Radioteleskop in
Bad Münstereifel-Effelsberg)
Gesamtherstellung: C. H. Beck'sche Buchdruckerei,
Nördlingen
Printed in Germany · ISBN 3-423-10900-9

Das Buch

Die Anwendung kosmologischer Prinzipien in der Antike ist aus Ägypten und Mesopotamien bereits im 3. vorchristlichen Jahrtausend nachgewiesen. Bernard Lovell, einer der angesehensten Astronomen unserer Zeit, spannt den Bogen der Entwicklungsgeschichte der Kosmologie von diesen überlieferten Anfängen bis in die Gegenwart. Er betrachtet die kosmologischen Errungenschaften nicht isoliert, sondern zeigt, daß sie in engem Zusammenhang mit den jeweils herrschenden philosophischen Weltbildern und der Entwicklung der Physik und Astronomie stehen. Aus seinem umfassenden Wissen heraus beschreibt der Autor knapp und einprägsam das Weltverständnis des Aristoteles, erläutert die heliozentrische Hypothese sowie das Obsiegen des copernicanischen Weltbildes. Dabei legt er einen besonderen Akzent auf die Bedeutung, die große Denker für die Kosmologie hatten, und geht auf die von ihnen entworfenen Weltsysteme ein. Und eines wird dem Leser auch klar: Trotz des wissenschaftlichen und technischen Fortschritts in jüngerer Zeit sind einige entscheidende Grundprobleme – zum Beispiel die Bestimmung des Alters der Welt, ob das Weltall in sich geschlossen oder offen ist und die Rätsel einer künftigen Entwicklung – ungelöst.

Der Autor

Bernard Lovell wurde 1913 in Oldland Common (Großbritannien) geboren. Er studierte in Bristol Physik. Von 1951 bis 1980 war er ordentlicher Professor für Radioastronomie. Von 1951 bis 1981 war er außerdem Direktor der Nuffield Radio Astronomy Laboratories von Jodrell Bank. Lovell wurde 1961 in den Adelsstand erhoben.

Inhalt

Einführung

In seiner Studie über den Begriff der Zivilisation, *Adventure of Ideas,* hat A. N. Whitehead geschrieben: „In jedem Zeitalter, das durch hohe Aktivität gekennzeichnet ist, findet sich im Höhepunkt und unter den zu diesem Höhepunkt führenden Kräften ein tiefer kosmologischer Ausblick, der stillschweigend als gültig anerkannt ist und den jeweiligen Triebkräften seinen Stempel aufdrückt. Das jeweils neueste Weltbild kommt dabei nicht in seiner ganzen Fülle und Tragweite zum Ausdruck, aber Teilaspekte führen zu Spezialfragen, die heftig umstritten bleiben.“[1] Es ist zweifelhaft, ob im Laufe der Kulturgeschichte irgendeine andere geistige Entwicklung derartig viele Grenzen des menschlichen Wissens in der einen und der anderen Richtung überquert hat. Zu allen Zeiten hat die Kosmologie ein feines Gleichgewicht bewahrt zwischen Beobachtung der Natur, philosophischer Erörterung, Glaube an die Gültigkeit theologischen Dogmas und dem ewigen Anspruch des Menschen auf eine bevorzugte Stellung im Weltall, wie weit seine Erkenntnis auch vordringen mochte.

Die älteste, uns noch erhaltene Kunde über kosmologisches Denken kommt aus Ägypten und Mesopotamien um die Mitte des dritten Jahrtausends v. Chr. In diesen frühen Kosmologien waren Prinzipien verkörpert, die man für notwendig hielt, um das Ansehen des für die Schöpfung verantwortlichen Gottes zu sichern, der auch für den Bestand des Staatswesens zu sorgen hatte. Die ältesten, aus babylonischer Zeit erhaltenen Weltkarten lassen diese primitive kosmologische Ansicht erkennen. Die Erde wird dargestellt als flache Scheibe die auf dem Ozean schwimmt, mit Babylon im Zentrum. Für die danach folgenden zwei Jahrtausende behielten Mythologie, Astrologie und Religion ihren beherrschenden Einfluß auf die Kosmologie. Danach, mit dem Aufstieg Griechenlands, sehen wir den Genius rationaler Forschung auf die Kosmologie einwirken. Schon im neunten vorchristlichen Jahrhundert läßt Homer die neue Weltschau erkennen. In der *Ilias* lernen wir, daß auf dem großen Schild des Achilles „die Erde, darin die Himmel, darin das Meer und die nimmermüde Sonne und der Vollmond und alle Konstellationen, welche den Himmel krönen" dargestellt wurde. Einige Jahrhunderte später, besonders mit den Philosophen aus Milet im sechsten und fünften Jahrhundert v. Chr., gewinnt die Beobachtung der Welt einen wesentlichen Einfluß auf die Entwicklung der Kosmologie. Diesen jähen Wandel zeigt besonders eindrucksvoll die berühmte Vorhersage einer Sonnenfinsternis im Jahre 585 v. Chr. durch Thales und seine Behauptung, daß der Mond von der Sonne beleuchtet wird. Der jüngere Zeitgenosse des Thales, Anaximander, ist unser erster Zeuge für die Annahme, daß die Erde ein gekrümmter Körper ist. Anaximenes lebte nach Anaximander und kehrte dennoch zu der Vorstellung der flachen Erde zurück, unterschied aber als erster zwischen Planeten und Sternen. Bald danach gab es keine Diskussion mehr darüber, ob die Erde flach und zylindrisch gekrümmt oder eine Kugel sei; denn im dritten Jahrhundert v. Chr. *berechnete* Eratosthenes den Erdumfang aus Messungen des Schattens mit einem vertikalen Gnomon. Seine Ergebnisse waren sogar auf ein paar Prozent genau.

Von dieser Epoche an, als die Vorstellungen über die Welt und das Universum von Messungen hergeleitet wurden, habe ich versucht, die kritischen Faktoren in der Entwicklung der Kosmologie aufzuzeigen und zu verfolgen.[2] Das faszinierende Wechselspiel diesseits und jenseits der Grenzen des Wissens hat nie ausgesetzt und dauert auch heute noch an. Das Bestreben nach einem Ausgleich zwischen den transzendentalen und den naturwissenschaftlichen Bemühungen um das kosmologische Problem hat eine entscheidende Rolle für den kulturellen Fortschritt gespielt. Zu keiner Zeit während der letzten zwei Jahrtausende hat eine der beiden Richtungen dominiert, und auch heute kann keine die letzte Autorität beanspruchen. Seit zweitausend Jahren steht der kosmologische Fortschritt im Zeichen der Sentenz von Francis Bacon: „Es möge eine allgemeine Regel sein, daß alle Wissenszweige eher als Linien und Adern gelten mögen, denn als Abschnitte und Trennungen; die Kontinuität und Ganzheit des Wissens mögen bewahrt werden. Denn durch das Gegenteil davon sind wissenschaftliche Einzeldisziplinen unfruchtbar, seicht und irrig geworden, da sie nicht aus dem gemeinsamen Quell genährt und weitergeführt wurden.“[3]

1. Die geozentrische Kosmologie

Aus meinem Haus auf dem Lande in Cheshire habe ich zwei eindrucksvolle Ausblicke. Wenn ich morgens aufwache, sehe ich, wie die Sonne über Mow Cop aufgeht. Das ist der Hügel, auf dem vor zweihundert Jahren ein Jünger von John Wesley im Freien einer nach Tausenden zählenden Gemeinde gepredigt hat. Obwohl Wesley schon zweihundert Jahre nach der Veröffentlichung der copernicanischen Hypothese gelebt hat, wonach sich die Erde um die Sonne bewegt, war er nicht geneigt, diese Lehre anzunehmen, weil er darin einen „Hang zum Unglauben" sah und verkündete. Wesley hatte ebenso wie die vielen anderen Gegner des Copernicus die Heilige Schrift und den gesunden Menschenverstand auf seiner Seite. Ich sehe doch, wie die Sonne über Mow Cop am Himmel emporsteigt; von der Erdrotation sehe und fühle ich nichts. Andererseits lebe ich im zwanzigsten Jahrhundert und habe in ihm meine Erziehung genossen. Meine Lehrer stellten es nie in Zweifel, daß die Erde sich um die Sonne bewege, weil die täglichen, jahreszeitlichen und jährlichen Veränderungen am Himmel, deren Zeugen wir sind, durch diese Annahme einfacher und genauer erklärt werden können als durch komplizierte Modelle, die auf dem Gedanken beruhen, daß die Erde im Zentrum der Sternsphäre fest und unbeweglich ruhe.

Vor mehr als zwanzig Jahren haben die Sowjets ihren ersten Sputnik gestartet, und seit jener Zeit sind viele hundert Satelliten und Raumsonden von der Erde aufgestiegen. Diese Ereignisse haben die tägliche Erdrotation deutlicher demonstriert als je zuvor. Fernsehprogramme aus anderen Erdteilen kommen zu uns ins Haus durch Satelliten in geostationären Bahnen; das sind Bahnen in knapp 36000 km Höhe über der Erdoberfläche, wo die Umlaufperiode gleich der Rotationsperiode der Erde ist. Anders als Satelliten in niedrigeren Bahnen, die man über den Himmel ziehen sieht, bleiben solche Nachrichtensatelliten, deren Bahnebene in die des Erdäquators fällt, über einem festen Punkt auf der Erde gewissermaßen stehen. Niemand wird heute noch ernsthaft behaupten, daß die Erde starr im Weltall fixiert sei; aber tatsächlich war das die allgemeine Meinung während des größten Teils unserer Kulturgeschichte. Der Übergang von der Vorstellung einer festen, unbewegten Erde im Zentrum des Universums zur Vorstellung einer Erde, die sich um die Sonne bewegt, bezeichnet einen der kritischsten und verschlungensten Wechsel in der Entwicklung der Kosmologie.

Wenn ich meinen Blick vom Sonnenaufgang über Mow Cop abwende, bietet sich mir aus meinem Haus eine ganz andere Ansicht – die weiße, runde Kuppel des großen Radioteleskops in Jodrell Bank. Es stellt einen Markstein und ein Symbol für die Kosmologie in der Sicht des zwanzigsten Jahrhunderts dar; denn es empfängt Signale von Himmelsobjekten, die in Raum und Zeit so weit entfernt sind, daß sie vor vielen Jahrmilliarden ausgestrahlt wurden, als das Weltall noch sehr jung war. Zumindest glauben wir heute, daß dem so ist. Dieser unser Glaube entstammt dem zweiten großen Wechsel in der Entwicklung der Kosmologie, welcher in den ersten drei Jahrzehnten dieses Jahrhunderts eingetreten ist.

Wir haben gelernt, daß unserer Sonne und ihren Planeten nicht weiter eine zentrale Vorzugsstellung im Kosmos zuerkannt werden kann. Im Gegenteil: die Erde bewegt sich um die Sonne, und diese selbst ist nur ein ganz gewöhnlicher Stern, weitab vom Zentralgebiet des aus hundert Milliarden bestehenden Sternsystems der Milchstraße. Wir lernten auch, daß dieses System nur lokalen Charakter im Weltraum hat – als eine Galaxie unter Millionen, die anscheinend gleichförmig in Zeit und Raum verteilt sind. Jene Jahre eines evolutionären Wechsels waren auch durch eine radikale Veränderung unserer Anschauungen von Zeit und Raum gekennzeichnet. Die antike, noch von Newton geteilte Vorstellung von Raum und Zeit als absoluten, unabhängig von Materie existierenden Wesenheiten mußte aufgegeben werden zugunsten einer Allgemeinen Relativitätstheorie. Dadurch machte die Kosmologie einen derart großen Entwicklungsschritt, daß das Weltall insgesamt nicht mehr als statisch und unveränderlich angesehen werden konnte. So kam es zur Vorstellung eines evolutionären Universums, einer Welt, die als Ganzes wohl vor vielen Jahrmilliarden ihren Anfang gehabt hatte und sich seither, während dieser ganzen ungeheuren Zeitspanne, nach einem Anfangszustand extrem hoher Dichte und Temperatur ständig ausdehnt. Daran, daß diese Auffassung richtig ist, kann nunmehr wenig Zweifel bestehen, nachdem im Jahr 1965 die Reststrahlung aus der Frühzeit des Universums entdeckt wurde.

Wenn ich den Blick zwischen Mow Cop und dem Radioteleskop hin und her schweifen lasse, so mahnt mich das zur Vorsicht. John Wesley sah sich durch seinen hartnäckigen Glauben an die Heilige Schrift zur Zurückhaltung gegenüber der copernicanischen Lehre genötigt; gleichzeitig aber teilte Wesley die Ansichten seiner Zeitgenossen hinsichtlich der Kometen als natürlicher astronomischer Phänomene und dämpfte die hysterische Furcht vor vermeintlichen irdischen Katastrophen in Zusammenhang mit deren Erscheinen am Himmel. Würde Wesley heute leben, so dürfte er sicher das moderne astronomische Weltbild in einer großen Synthese theologischen und wissenschaftlichen Wissens anerkennen, so wie es Thomas Aquinas fünfhundert Jahre vor ihm getan hatte. Thomas hatte mit dem alten Natursystem von Aristoteles zu kämpfen, Wesley seinerzeit mit dem von Copernicus und Newton erkannten und verkündeten Universum. Heute verweilen wir in Ehrfurcht vor der ungeheuren Größe des Universums und vor einer Kosmologie, die sich über die theologischen Konflikte vergangener Jahrtausende hinaus dazu aufgeschwungen hat, die letzten Tiefen des menschlichen Verstehens der Welt als Ganzes zu erforschen.

Das Universum des Aristoteles

Die Schriften des Aristoteles aus dem Jahrzehnt von etwa 335 v. Chr. bis zu seinem Tode haben für fast zwei Jahrtausende die Physik und Astronomie beherrscht. Verglichen mit den schnellen Veränderungen, die seit dem 16./17. Jahrhundert bis heute eingetreten sind, könnte sich dieser Einfluß auf die Kosmologie wohl durchaus als der längste seiner Art im Verlauf der ganzen Weltgeschichte erweisen. In einer wichtigen Hinsicht war das Universum des Aristoteles allerdings dem des zwanzigsten Jahrhunderts ähnlich: es war in sich abgeschlossen und unabhängig, ohne Raum oder sonst irgend etwas außerhalb seiner selbst, mit einer Logik, die die Existenz eines Vakuums leugnete. Im Universum des Aristoteles waren Materie und Raum untrennbar verschlungen; sie waren wie in dem Weltbild von Einsteins Allgemeiner Relativitätstheorie Aspekte eines gleichen Grundbestandteils der natürlichen Welt. Dies ist ein rein zufälliger Zug der aristotelischen Lehre in bezug auf die moderne Kosmologie, denn seine Kosmologie war sonst in fast jeder Hinsicht verheerend. Aristoteles machte die verheißungsvollen Entwicklungen der Ionischen Schule zuschanden und unterdrückte das Aufkommen der heliozentrischen Lehre während mehr als tausend Jahren.

Im sechsten Jahrhundert v. Chr. behaupteten die Pythagoreer, daß die Planeten ewig und göttlich wären. Daraus folgerten sie, daß die Planetenbewegungen gleichförmig und in Kreisen verlaufen müßten. Im folgenden Jahrhundert argumentierte Platon umgekehrt, daß die Bewegungen der Planeten gleichmäßig und kreisförmig wären und deshalb von einer göttlichen Seele beherrscht sein müßten. Aristoteles machte sich diese platonische Doktrin zu eigen und erklärte die Sterne für göttliche Wesen, unveränderlich und ewig. Für ihn war der Himmel eine Kugel, weil die Kugel eine vollkommene Figur ist: Kreise allein sind ohne Anfang und Ende; folglich mußten sich die Himmelskörper auf vollkommenen Kreisen bewegen, wenn sie ewig sein sollten. Da aber das Zentrum eines rotierenden Körpers ruht, wurde logisch weiter gefolgert, daß die Erde im Mittelpunkt des Universums ruhen müßte. Hinsichtlich der Elemente argumentierte Aristoteles so: Die Erde war von Natur kalt und bewegte sich deshalb nach unten. Dies mußte durch das Feuer ausgeglichen werden, das, von Natur heiß, nach oben strebte. Wasser und Luft berücksichtigte er nach Platon durch die Auffassung, daß den drei Dimensionen fester Körper Kubikzahlen entsprechen (etwa: 1 und 8), welche zu ihrer Verbindung zweier Mittelwerte (im obigen Falle: 2 und 4) bedürfen. Nachdem sich nun Feuer und Luft nach oben, sowie Erde und Wasser nach unten bewegten, mußte Aristoteles noch mit der Kreisbewegung fertig werden. Dazu führte er ein fünftes Element ein als „quinta essentia", den Äther, mit den Merkmalen der Ewigkeit, Unveränderlichkeit und vollkommenen Kreisbewegung. Die vollkommenen Himmelskörper bestünden aus diesem Äther. Gegenüber den Ioniern war das ein arger Rückschritt; denn diese hatten ganz richtig angenommen, daß der Himmel vom gleichen Stoff wäre wie die Erde und auch entsprechend dem Wandel und Vergehen unterworfen wäre.

Es liegt eine gewisse Ironie in der Tatsache, daß die mathematischen Errungenschaften der Athener Akademie Aristoteles in die Lage versetzten, ein Modell seiner Kosmologie zu konstruieren. Es war schwierig, die anscheinend unregelmäßigen Bewegungen der Planeten am Himmel mit strenger

Kreisbewegung zu vereinbaren. Eudoxos hatte eine Näherungslösung gefunden, indem er die Planetenbewegungen in mehr als dreißig Kreisbahnen zerlegte. Dies Schema wurde von Kallippos, einem Zeitgenossen des Aristoteles, durch Einführung von noch mehr Umlaufsphären weiter verbessert. Aristoteles bildete dieses mathematische Schema einfach zu einem mechanischen Weltmodell um. Er nahm an, daß außerhalb der aus Erde, Wasser, Feuer und Luft bestehenden Sphäre der Erde noch fünfundfünfzig homozentrische (ein gemeinsames Zentrum besitzende) himmlische Sphären existierten, die um die Erde rotierten und die Himmelskörper mit sich führten. Die äußere Sphäre war die der Fixsterne, und ihre Außenfläche definierte das Ende des Universums. Sowohl die Himmelssphären wie die Himmelskörper sollten aus dem unveränderlichen und unzerstörbaren Äther bestehen.

Das aristotelische Weltmodell beruhte auf unwiderlegbaren Folgerungen, die von falschen Voraussetzungen ausgingen. Nach seiner Lehre sollten Bewegung und Beschaffenheit göttlicher Himmelskörper vollkommen sein; nur der innerhalb der sublunaren Sphäre, diesseits der Mondbahn, befindliche Stoff des Universums war dem Wandel und Verfall unterworfen. Ferner stellte Aristoteles ein Arbeitsmodell für das Weltall auf, das den fortgeschrittensten mathematischen Erkenntnissen der Akademie hinsichtlich der scheinbar unregelmäßigen Bewegung der Planeten am Himmel Rechnung trug. Er nahm an, daß alle Sphären sich jeweils berührten und von der Bewegung der äußeren Fixsternsphäre angetrieben würden – einer Bewegung, die von Sphäre zu Sphäre weitergegeben die Planeten und schließlich die niedrigste Sphäre mit dem Mond antriebe. Gott galt als der Erste Beweger der äußersten Sphäre. Aber die Art, wie er eine körperliche Sphäre so beleben könnte, stellte eine Schwierigkeit für die Vervollständigung des logischen Weltschemas nach Aristoteles dar. Aristoteles selbst erklärte einfach, die äußerste Sphäre sei durch Gottes Willen in Bewegung versetzt worden.

Die Verwerfung der heliozentrischen Hypothese

Bald nach Aristoteles' Tode ging die führende Rolle Athens als eines Zentrums der Forschung auf Alexandria über. Aber noch bevor es dazu kam, äußerte Herakleides von Pontos, der Aristoteles nur um wenige Jahre überlebt hat, die Meinung, daß die Bewegungen der Planeten Venus und Merkur am Himmel genau beschrieben werden könnten unter der Annahme, sie liefen um die Sonne und nicht um die Erde. Herakleides erklärte auch, die Bewegung der Sterne könnte eher als eine Folge der Erdrotation erklärt werden, anstatt durch Rotation der Sternsphäre um eine feste Erde. Diese Vorstellung einer Achsenrotation der Erde binnen lediglich vierundzwanzig Stunden war ein wesentlicher Fortschritt im kosmologischen Denken, den offenbar niemand zuvor zur Erklärung der scheinbaren Bewegung der Sterne angeführt hatte. [Bei dem indischen Astronomen Āryabhaṭa (499 n. Chr.) taucht der Gedanke der Erdrotation wieder auf, ohne aber nachzuwirken. Eine griechische Beeinflussung ist nicht nachzuweisen. A. d. Ü.]

Aristarch von Samos wurde etwa zur Zeit von Herakleides' Tod geboren und war ein Zeitgenosse von Euklid. Beide trugen zum Ruhm der neuen alexandrischen Schule bei. Durch Archimedes, einen jüngeren Zeitgenossen von Aristarch, erfahren wir von dessen Hypothese, die in Erweiterung der Theorien von Herakleides alle Planeten einschließlich der Erde um die Sonne laufen läßt. Leider ist die Schrift mit den Argumenten und Hypothesen Aristarchs verlorengegangen, aber Archimedes spricht davon in einem Brief an den König von Syrakus. Dort heißt es bezüglich Aristarchs: „Nach seiner Hypothese bleiben die Fixsterne und die Sonne unbewegt, aber die Erde läuft auf einer Kreisbahn um die Sonne, welche in der Mitte ihrer Bahn liegt."

So war also im dritten Jahrhundert v. Chr. die heliozentrische Idee im Gegensatz zur aristotelischen Lehre korrekt formuliert worden. Im folgenden Jahrhundert stellte sie Seleukos erneut auf. Er war ein babylonischer Astronom, der einen makedonischen Namen angenommen hatte und auf griechisch publizierte – darunter auch zutreffende Theorien über die Gezeiten. Nach Aristarch und Seleukos indessen war die richtige heliozentrische Vorstellung für fast zweitausend Jahre aufgegeben.

Für diese Ablehnung gab es etliche Gründe. Die Idee schlug den religiösen Vorurteilen jener Zeit ins Gesicht. Wie Plutarch berichtet, hielt Kleanthes, ein Zeitgenosse des Aristarch, es für die Pflicht der Griechen, diesen der Gottlosigkeit anzuklagen, da er „den Herd (= Hausaltar, Mittelpunkt) des Kosmos' in Bewegung setze".[4] Wahrscheinlich hätten weder diese Vorurteile noch die Kraft der aristotelischen Lehre die heliozentrische Theorie zu Fall gebracht, wäre nicht der Einfluß von Hipparch gewesen. Dieser – er hat von 161 bis 126 v. Chr. gelebt – gehört sicher zu den größten Astronomen der Antike; aber ausgerechnet durch ihn wurde die heliozentrische Bewegung zugunsten der Vorstellung einer ruhenden, festen Erde maßgeblich verworfen. Die Bedeutung Hipparchs steht außer Zweifel: Er schrieb die erste systematische Abhandlung über Trigonometrie, entdeckte die Präzession der Äquinoktien, berechnete die Dauer des Monats auf eine Sekunde genau und verfaßte einen Katalog von 850 Sternen. Besonders die Entdeckung der Präzession zeugt von seiner wissenschaftlichen Qualifikation. Ihm standen die alten Annalen der babylonischen Astronomen und die Beobachtungsergebnisse von 150 Jahren an der Sternwarte Alexandria zur Verfügung. Daraus schloß er, daß die ekliptikale Länge der Sterne um jährlich 50 Bogensekunden zugenommen hatte. Aus denselben astronomischen Aufzeichnungen ergab sich auch weit mehr Information über die scheinbare Bewegung der Planeten am Himmel, als zuvor irgendeinem Astronomen zugänglich gewesen war. Hipparch kam zu der Entscheidung, daß das System Aristarchs, wonach die Erde und die Planeten in Kreisen um die Sonne laufen sollten, die scheinbaren Unregelmäßigkeiten der beobachteten Planetenpositionen nicht befriedigend erklären könnte. Es sei daran erinnert, daß siebzehnhundert Jahre später, als sich die heliozentrische Hypothese endgültig durchsetzte, die gleiche Schwierigkeit hinsichtlich der Vorhersage von Planetenörtern auftrat, wenn einfache Kreisbewegungen zugrunde gelegt wurden. Diese Schwierigkeiten besiegte erst die Erkenntnis Keplers, wonach die Bewegungen nicht auf Kreisen, sondern in Ellipsen erfolgen. Wie dem auch sei – das Versagen der heliozentrischen Vorstellung lenkte den Blick Hipparchs auf das alternative geozentrische Schema mit einer ruhenden Erde.

Das Problem der Planetenbewegungen

Beobachter im Altertum konnten die scheinbare Bewegung der Sonne gegenüber der Fixsternsphäre einfach dadurch verfolgen und aufzeichnen, daß sie den wechselnden Anblick von Sternbildern in der Morgen- und Abenddämmerung festhielten. Die sich ändernde Position der Sonne am Himmel bezüglich des Beobachters auf der Erde konnte leicht mit dem Schatten eines Gnomons gemessen werden. Diesen etwas komplizierten Veränderungen trugen die frühesten quantitativen kosmologischen Schemata dadurch Rechnung, daß man ein Zusammenspiel zweier einfacher Kreisbewegungen annahm. Mit einer im Zentrum der Welt ruhenden Erde ließen sich die wechselnde Stellung der Sonne zum Beobachter und ihre jährliche Bewegung unter den Sternen befriedigend folgendermaßen erklären:

1. Eine große Sphäre, die die Sterne trug, drehte sich um eine feste Achse nach Westen mit einer Periode von 23 Stunden und 56 Minuten.
2. Die Sonne bewegte sich nach Osten und brauchte für einen vollen Umlauf 365,25 Tage. Der durch die Sonnenbahn auf der Sternsphäre definierte Kreis hatte eine Neigung von 23,5 Grad gegenüber dem Äquator der Sternsphäre.

Dieses kosmologische Bild eines Zweisphären-Universums hätte durchaus bis zur Erfindung des Fernrohrs unangefochten bestehen bleiben können, wenn es keine Probleme mit den scheinbaren Bewegungen der Planeten gegeben hätte. Im Altertum kannte man sieben Planeten. Dazu zählten außer Sonne und Mond noch Merkur, Venus, Mars, Jupiter und Saturn. Die Planeten laufen täglich mit den Sternen nach Westen und bewegen sich außerdem allmählich unter den Sternen nach Osten. Man sieht sie immer in einem gürtelförmigen Bereich des Himmels, der sich beiderseits etwa 8 Grad weit von der Ekliptik erstreckt. Die Ekliptik ist der Großkreis auf der Sternsphäre, welcher durch die Sonnenbahn markiert wird. Es zeigte sich, daß ein voller Umlauf durch die Ekliptik für Merkur und Venus ungefähr ein Jahr dauert, für Mars 687 Tage, für Jupiter 12 Jahre und 29 Jahre für Saturn. Während sich aber die Sonne gleichförmig auf der Ekliptik bewegte, galt das nicht für die Planeten. Ihre fortschreitende Bewegung nach Osten wurde durch Intervalle rückläufigen Laufes nach Westen hin unterbrochen. Diese kurze Zeiträume der Rückläufigkeit traten ungefähr alle 116 Tage bei Merkur auf, 584 Tage bei Venus, 780 Tage bei Mars, 399 Tage bei Jupiter und 378 Tage bei Saturn. Eine weitere Komplikation zeigte sich in einer charakteristischen Besonderheit von Merkur und Venus. Bei all ihren direkten und rückläufigen Bewegungen blieben diese Planeten alle beide stets der Sonne ziemlich nahe. Merkur bleibt stets innerhalb 28 Grad und die Venus innerhalb 45 Grad bei der Sonne. Man spricht hier von „Elongation“ der Planeten. Merkur und Venus treten infolge dieser Pendelbewegung um die Sonne entweder als Morgen- oder als Abendsterne auf, je nachdem, ob sie gerade westlich oder östlich von der Sonne stehen. Erst als die Beobachter des Altertums die Bewegungen dieser Planeten näher untersuchten, erkannten sie, daß die gleichen bald am Morgen- und bald am Abendhimmel zu sehen waren.

Man stellte fest, daß sich die anderen drei Planeten – Mars, Jupiter und Saturn – anders verhielten als Merkur und Venus. Sie waren relativ zur Sonne an jeder Stelle der Ekliptik zu finden: manchmal in ihrer Nähe in Konjunktion, manchmal um 180 Grad entfernt in Opposition, oder in Zwischenpositionen. Es zeigte sich, daß die Rückläufigkeit nur bei Opposition auftrat und daß die Planeten in solchen Zeiten am hellsten erschienen.

Die Astronomen standen vor der Aufgabe, diese offensichtlich komplexen Bewegungen der Planeten am Himmel nicht nur qualitativ zu erklären, sondern auch quantitativ genau vorherzusagen, an welcher Stelle des Himmels die Planeten zu einem beliebigen Zeitpunkt erscheinen würden. Wenn man von Unregelmäßigkeiten der Bewegung absah, konnte die Vorstellung homozentrischer Sphären der aristotelischen Kosmologie die mannigfachen Perioden der Planeten erklären. Vielleicht hat Platon im frühen vierten Jahrhundert v. Chr. das eigentliche Problem als erster ausgesprochen, als er nach einer Lösung fragte, die mit gleichförmigen und geregelten Bewegungen die scheinbaren Bewegungen der Planeten erfassen sollte. Sein Schüler Eudoxos entwarf ein geniales geometrisches Schema für das Modell der homozentrischen Sphären, das der Bewegung von Sonne und Mond und den regelmäßigen Bewegungen der Planeten recht gut Rechnung tragen konnte, aber bei den rückläufigen Bewegungen versagte.

Die Epizykeltheorie

Wegen eben dieser Schwierigkeit kam es dann zur Theorie der Epizykel und Deferenten, die bis ins 16. Jahrhundert die Kosmologie beherrschen sollte. Als Hipparch feststellen mußte, daß die einfache heliozentrische Theorie Aristarchs mit den Eigentümlichkeiten der Planetenbewegung nicht fertig wurde, wandte er sich der Epizykeltheorie zu, die Apollonios im vorausgegangenen Jahrhundert (um 220 v. Chr.) entwickelt hatte.[5] Bei ihr ist die Erde im Zentrum eines rotierenden Kreises fixiert, des *Deferenten:* Ein Punkt auf diesem umlaufenden Kreis ist der Mittelpunkt eines anderen, kleinen und gleichfalls rotierenden Kreises, des *Epizykels,* auf dem sich der Planet selbst befindet. Man erhält tatsächlich scheinbare Bahnschleifen für die Planeten in Projektion auf die Ebene der Ekliptik, wenn außer dem täglichen Umlauf der Fixsternsphäre um die ruhende Erde passende Perioden und Drehsinne für Deferenten und Epizykel angenommen werden. Dieses glänzende Gedankengebäude erklärt somit durch nur drei vollkommen regelmäßige Kreisbewegungen ohne weiteres die zeitweise auftretende Rückläufigkeit bei den Planeten am Himmel. Allerdings erfordert jeder Planet ein eigenes System von Träger- und Aufkreis, während bei Sonne und Mond keine Epizykel gebraucht werden, da sie nicht rückläufig zu sein pflegen. Für die Sonne genügt ein Deferent mit jährlicher Periode, und für den Mond ein solcher, der binnen 27⅓ Tagen einen Umlauf macht. Bei den anderen fünf Planeten lassen sich Größe und Geschwindigkeit von Epizykel und Deferent in passender Weise variieren, um die immense Mannigfaltigkeit der beobachteten Bewegungen qualitativ darzustellen.

Wenn das einfache System von Träger- und Aufkreisen zwar für die Erklärung der hauptsächlichen Unregelmäßigkeiten in den scheinbaren Planetenbewegungen brauchbar war, so blieben doch etliche Schwierigkeiten kleinerer Größenordnung übrig. Ein einfaches Beispiel dafür liefert die scheinbare Bewegung der Sonne. Ein einfacher kreisförmiger Deferent mit der Erde im Mittelpunkt gibt gleiche Intervalle zwischen den Tag- und Nachtgleichen an. Man hatte aber beobachtet, daß die Sonne auf der Ekliptik zwischen Frühlings- und Herbstäquinoktium sechs Tage mehr braucht als im Winter vom Herbst- zum Frühlingsäquinoktium. Hipparch erdachte Ergänzungen zum Epizykelmodell, mit denen die beobachteten Bewegungen und Positionen von Sonne und Mond erstmals quantitativ leidlich befriedigend dargestellt werden konnten. Dabei bediente er sich zweier Neuerungen. Wenn sich die Sonne auf einem kleinen Kreis (einem winzigen Epizykel) bewegt, dessen Zentrum auf dem Deferentenkreis läuft, dann lassen sich durch Anpassung der Bewegungsverhältnisse dieser beiden Kreise viele Variationen des scheinbaren Laufs erzeugen, wobei die Gleichförmigkeit von Kreisbewegungen gewahrt bleibt. Wenn beispielsweise im Falle der Sonne der kleine Epizykel zwei Umläufe in westlicher Richtung macht, während der Deferent einmal ostwärts umläuft, dann scheint sich die Sonne auf dem kleinen Epizykel in einem abgeflachten Kreis zu bewegen, und ihre scheinbar ungleichmäßige Geschwindigkeit zwischen den Tag- und Nachtgleichen ist verständlich. Die andere, von Hipparch eingeführte Neuerung war der *Exzenter* – ein einfacher Deferent, dessen Zentrum aber außerhalb des Erdmittelpunktes liegt. Wird der Mittelpunkt dieses exzentrischen Kreises um etwa drei Hundertstel seines Halbmessers vom Erdmittelpunkt verschoben angesetzt, so kann man die sechs Tage, die die Sonne zusätzlich zwischen Frühlings- und Herbstäquinoktium braucht, erklären.

Die von Hipparch entwickelte Epizykeltheorie, einschließlich möglicher Variationen hinsichtlich eines kleinen Epizykels und Exzenters, trug den auffälligen hauptsächlichen Unregelmäßigkeiten der Planetenbewegung Rechnung und gestattete Vorhersagen der Planetenörter für gewünschte Zeiten. Im zweiten Jahrhundert n. Chr. erfand Klaudios Ptolemaios in Alexandria ein weiteres Hilfsmittel, um die Theorie den beobachteten Planetenpositionen besser anzupassen. Es war der *Äquant* (Gleichmacher), ein Punkt abseits des geometrischen Kreismittelpunktes. Man nahm an, daß der Planet eine Kreisbahn um das geometrische Zentrum beschriebe, wobei aber seine Winkelgeschwindigkeit in Bezug auf den Äquanten, nicht das Kreiszentrum, konstant sein sollte. Auf diese Weise schien sich der Planet von der Erde – als dem geometrischen Mittelpunkt – aus ungleichmäßig rasch zu bewegen.

Die mit all diesen verschiedenen Tricks von kleinem Epizykel, Exzentern und Äquanten arbeitende Epizykeltheorie des Ptolemaios ist die größte Leistung der antiken Astronomie. Sein *Almagest* beruht auf der Annahme, daß „der Astronom bemüht sein muß zu beweisen, daß alle Himmelserscheinungen durch gleichmäßige und kreisförmige Bewegungen erzeugt werden".[6] Er beschrieb als erster die komplexe Konstruktion von Epizykeln und Deferenten mit diesen vielfältigen Zusätzen, welche die scheinbaren Unregelmäßigkeiten der Bewegung erklärten und quantitative Voraussagen der Örter aller Planeten ermöglichten. Das Gebäude des Ptolemaios hielt sich über dreizehn Jahrhunderte. Während dieses ganzen Zeitraums gab es keine grundlegenden Veränderungen, noch wurden irgendwelche neuen Gedanken eingeführt. Die auftretenden Kombinationen wurden durch Astronomen der islamischen Welt und Europas sogar noch verzwickter gemacht, aber nur durch Hinzufügung weiterer Epizykel oder – an sich bekannter – Hilfsmittel in Form von Exzentern und Äquanten im Versuch, die Übereinstimmung zwischen theoretischen Vorhersagen und beobachteten Planetenörtern zu verbessern.

2. Die Stärke der antiken Kosmologie

Die geozentrische Lehre, wonach sich die Erde im Mittelpunkt des Weltalls befand, war das Fundament eines großartigen Gebäudes eng verflochtenen Wissens, in dem die Bibel, die aristotelische Physik, Gott und die Engel gleichermaßen Platz hatten. Man neigte dazu, die Astronomie als müßig anzusehen, da die Autorität des Neuen Testaments in Kürze einen neuen Himmel und eine neue Erde in Aussicht stellte. Gegen Ende des vierten Jahrhunderts fragte sogar der Hl. Augustinus: „Was kümmert es mich, ob der Himmel als Kugel die Erde in der Mitte der Welt einschließt, oder ob er zu beiden Seiten überhängt?“[7] Aber Himmel und Erde bestanden weiter, und im Lauf der Jahrhunderte wurde um die Vorstellung der ruhenden Erde ein ungeheurer Bau geistlicher und weltlicher Gelehrsamkeit errichtet. Im zwölften Jahrhundert veröffentlichte Petrus Lombardus, ein berühmter Theologe an der Universität von Paris, seine Sammlung von *Sentenzen,* die für einige hundert Jahre als Handbuch der Theologie dienten. Darin schrieb er über die Beziehung des Menschen zum Weltall: „Ebenso wie der Mensch für Gott geschaffen ist, damit er nämlich *ihm* dienen kann, ist der Mensch in den Mittelpunkt des Universums gesetzt, damit er sowohl dienen wie auch bedient werden kann.“

Im dreizehnten Jahrhundert übte Thomas Aquinas einen gewaltigen Einfluß auf das Denken seiner Zeit aus. Er schuf eine Synthese des Wissens von fundamentaler und bleibender Bedeutung für die westliche Welt. Jahrhunderte lang hatte die christliche Kirche hin und wieder die aristotelische Physik und Kosmologie und das epizyklische Weltmodell des Ptolemaios angegriffen mit der Begründung, daß die Naturwissenschaft mit der Heiligen Schrift im Widerstreit läge. Ein Provinzialkonzil in Paris verbot 1210, die Physik des Aristoteles zu lehren. Fünf Jahre später erließ das vierte Laterankonzil eine Verordnung gegen aristotelische Ansichten. Vielleicht wäre das Erbe des Stagiriten mitsamt den epizyklischen Theorien im Abendland verfallen, wenn nicht der Aquinat gewesen wäre, der seine großen intellektuellen Fähigkeiten der Wiederversöhnung dieser Wissenschaft mit dem theologischen Dogma gewidmet hat.

In der *Summa theologica* und seinem Kommentar zu der Schrift des Aristoteles *De caelo* löste Thomas die intellektuellen Konflikte des dreizehnten Jahrhunderts. Das ganze riesige System des bekannten Weltalls, der Geistigkeit des Menschen und der Probleme des Verhältnisses von allem zu Gott wurden meisterhaft und befriedigend abgehandelt auf der Basis eines wissenschaftlichen Weltbildes, das fast gänzlich falsch war. Zum Beispiel argumentierte der Gottesbeweis des Aristoteles mit einer Ersten Ursache, die, selbst unbewegt, Ursprung aller Bewegung sein sollte. Tatsächlich erforderte aber das aristotelische Weltbild siebenundvierzig oder gar fünfundfünfzig unbewegte Beweger; und seine Dialektik läßt das Verhältnis dieser zu Gott unklar. Dazu kam als ganz wesentliches Problem, daß Gott laut Aristoteles nicht als der Schöpfer alles Existierenden zu denken wäre, sondern vielmehr als der Eine, der die bereits vorhandene Urmaterie geformt hat. Aber im fünften Jahrhundert hatte Augustinus[8] dann als unerschütterliches Fundament des christlichen Glaubens festgestellt, daß Gott die Welt aus dem Nichts geschaffen hat, und daß er dies nicht früher getan hat, weil die Zeit selbst erst mit der Welt zusammen erschaffen wurde. Thomas Aquinas löste solche Schwierigkeiten mit Argumenten, die zu jener Zeit unwiderlegbar schienen. Zum Beispiel meinte er hinsichtlich des unbewegten Bewegers und Schöpfers, daß alles Bewegte von irgendetwas in Bewegung gesetzt werden muß, daß aber ein endloser Regreß dieser Art unmöglich ist, so daß man direkt zum Beweis Gottes als des unbewegten Bewegers und Schöpfers geführt würde. In dieser logischen Folge steckt noch das Prinzip von Aristoteles' unbewegtem Beweger; sie führt aber – anders als in der aristotelischen Dialektik – zum Satze Augustins. Thomas kombiniert unerschrocken das theologische Denken mit der Physik des Aristoteles und der Kosmologie des Ptolemaios, so daß die Heilige Schrift als ein redlicher Bericht über den Menschen, das Weltall und die Beziehung beider zu Gott gelten konnte.

Wie furchtlos Thomas Aquinas die wörtliche Interpretation der Bibel durch eine logische Gedankenkette mit Einbeziehung des aristotelischen Weltbildes in Zweifel zog, zeigt seine Behandlung des Problems der Auferstehung besonders deutlich. In der *Summa theologica* geht er folgendermaßen vor: Wir lesen im Epheserbrief *4*, 10, daß Christus „aufgefahren ist über alle Himmel, auf daß er alles erfülle".[9] Thomas sagt hierzu, daß laut Aristoteles Dinge, welche sich im Zustand der Vollkommenheit befinden, ihr Gutes ohne Bewegung besitzen. Christus war vollkommen; folglich hatte er sein Gutes ohne Bewegung, und es wäre für ihn unpassend gewesen aufzusteigen. Ferner beweist Aristoteles, daß es keinen Ort oberhalb der Himmel gibt; da aber jeder Körper einen Platz beansprucht, konnte Christus nicht emporgestiegen sein. Ferner können zwei Körper nicht den gleichen Raum einnehmen; weil aber kein Ortswechsel ohne Passieren des dazwischenliegenden Raumes möglich ist, scheint es so, daß Christus nicht über alle Himmel hätte aufsteigen können, sofern nicht die Kristallsphären zerteilt worden wären, was aber unmöglich ist.

Wenn eine logische Beweisführung nicht zum Ziel führte, benutzte Thomas eine andere Taktik, indem er nahelegte, daß die Bibelstelle absichtlich falsch wäre, damit das unwissende Volk sie verstehen könnte. So steht Genesis *1*, 6/7, daß Gott eine Feste zwischen den Wassern machte und daß das Wasser unter der Feste von dem darüber geschieden wurde.[10] Thomas stand vor der Schwierigkeit zu erklären, warum Gott nicht die Luft geschaffen hat. Seine Antwort darauf war: Moses sprach zu unwissenden Leuten und redete daher zu ihnen nur über Dinge, die sie mit den Sinnen erfassen konnten. Da Wasser offenkundig den Charakter eines Körpers hat, Luft dagegen nicht, möchte der Aquinate nahelegen, daß Moses „Wasser" hier in zwei Bedeutungen gebraucht hat, von denen die eine durch kluge Menschen als „Luft" verstanden werden müsse.

Thomas starb im Jahre 1274. Dante Alighieri war damals gerade neun Jahre alt. Die Werke des Kirchenlehrers waren ausführlich und hochgelehrt, sie brachten die Aussöhnung des aristotelischen und ptolemäischen Universums mit dem christlichen Glauben. Aber Dante war es, der das heilige Universum für das einfache Volk verständlich machte. Durch Allegorien und Symbole überträgt er in dem weitläufigen Werk seiner *Göttlichen Komödie* die geozentrische Kosmologie in Begriffe von Himmel und Hölle. Seine siebentägige Wanderung beginnt am Karfreitag 1300. Am Samstag hat er den Grund der Hölle erreicht – im Zentrum der Erde. Vierundzwanzig Stunden später kommt er bei Sonnenaufgang auf der anderen Seite der Erde aus dem langen Tunnel am Fuße des Fegefeuer-Berges heraus. Nach einem drei Tage und Nächte dauernden Aufstieg erreicht er das irdische Paradies auf dem Gipfel des Fegefeuerberges und schwingt sich nach und nach durch transparente Sphären weiter hinan. Diese Sphären umgeben die Erde, werden durch Engel in Rotation gehalten und führen jede einen oder mehr Himmelkörper mit sich.[11] Die letzte Sphäre trägt die Fixsterne, und über allem befindet sich der zehnte Himmel, das Empyreum, der Thron Gottes.

In seinem Epos umfaßte Dante das aristotelische und epizyklische Universum, die Texte der Bibel und die theologischen Gedanken von Thomas Aquinas und gestaltete alles zu einem schier unüberwindlichen Gebilde aus Glaubensmeinungen, Hoffnungen und Ängsten, welches die westliche Welt drei Jahrhunderte lang beherrschte. Tatsächlich war das abendländische Denken noch lange vom Symbolismus des heiligen Universums durchdrungen, nachdem die aristotelische Physik und das epizyklische Weltmodell aufgegeben waren. Mein Vater, ein tief gläubiger Mensch, drückte mir als Knaben gegenüber die Hoffnung aus, daß ich nicht mein ganzes Leben lang durch den Gedanken an die Hölle und die Furcht vor ihr beunruhigt sein möchte, wie es ihm ergangen war. Nun – vielleicht nicht beunruhigt, aber doch mit der unmittelbaren, naiven Vorstellung, daß die Hölle unten und der Himmel oben ist, und daß die Sonne jeden Tag über uns dahinzieht.

3. Das Aufkommen der heliozentrischen Hypothese

Das in mannigfachen Aspekten durch Aristoteles, Ptolemaios, Thomas Aquinas und Dante geschaffene und eingeführte Weltsystem schien gegen Ende des dreizehnten Jahrhunderts unangreifbar zu sein. Physik und Kosmologie lieferten eine dem einfachen Menschenverstand einleuchtende Beschreibung beobachteter Ereignisse, und das Wesen der Beziehung des Menschen zu Gott und Welt war in den Werken von Thomas und Dante enthalten. Dieses Gebäude, das seinerzeit eine endgültige und befriedigende Darstellung des Seins enthielt, in seiner Struktur anzugreifen, hätte als Blasphemie gegolten. Nichtsdestoweniger erfuhren die zugrundeliegenden Annahmen seiner Physik und Kosmologie mitunter Kritik im Laufe der nächsten zwei Jahrhunderte, besonders durch die Scholastik des vierzehnten Jahrhunderts.

In seiner Studie über die copernicanische Revolution zitiert Thomas Kuhn besonders die von Nikolaus Oresme, einem Angehörigen der Pariser Nominalistenschule (gestorben 1382), vorgebrachten Argumente.[12] Oresme verfaßte zu Aristoteles' Schrift *De caelo* einen tiefschürfenden Kommentar. Obwohl Oresme schließlich Aristoteles in jedem Punkt mit Ausnahme des Schöpfungsberichts zustimmte, stellt Kuhn fest: „Die brillante Kritik durch Oresme hat viele Beweise des Aristoteles abgetan und für eine Anzahl aristotelischer Positionen bedeutsame Alternativen aufgezeigt." Tatsächlich hatte schon Oresmes Lehrer, Johannes Buridan, die Argumente des Aristoteles hinsichtlich der Bewegung von Geschossen widerlegt und die gegenteilige Meinung vertreten, daß „die Bewegung des Steins allmählich langsamer wird, bis der *impetus* („Schwung“) so geschwunden oder vernichtet ist, daß die Schwere des Steins darüber die Oberhand gewinnt und den Stein zu seinem natürlichen Ort nach unten bewegt.“[13]

Oresme interessierte sich sehr für das Problem der Bewegung der Erde. Seine analytische Methode wird darin deutlich, wie er Aristoteles kritisiert in dessen Widerlegung der pythagoreischen Annahme einer um ihre Achse rotierenden Erde. Oresme führt dazu die relative Bewegung von Menschen in zwei Booten und die Schwierigkeit zu entscheiden an, welches der beiden Boote sich tatsächlich bewegt. Er fährt fort: „Deshalb sage ich: Wenn der höhere (oder himmlische) Teil der beiden Teile des Weltalls ... heute eine tägliche Bewegung erführe, wie es der Fall ist, während der untere (oder irdische) Teil in Ruhe verbleibt; und wenn morgen dagegen der untere Teil eine tägliche Bewegung erführe, während der andere Teil, nämlich der Himmel, in Ruhe verweilte, so wären wir nicht imstande, irgendeine Veränderung zu erkennen; vielmehr würde alles heute und morgen gleich zu sein scheinen. Wir würden durchweg meinen, unser Ort wäre im Ruhezustand, wogegen sich der andere Teil des Weltalls bewegte, ebenso, wie ein Mann in einem fahrenden Boot den Eindruck hat, daß sich die Bäume draußen bewegen.“[14] Oresme kommt zu dem Ergebnis, daß das Problem anhand der scheinbaren Bewegung der Sterne nicht entschieden werden kann. Er behauptet, daß kein logisches, physikalisches oder biblisches Argument eine tägliche Erdrotation widerlegen kann, und daß die Entscheidung darüber, ob sich die Erde bewegt oder nicht, Glaubenssache sein muß. Trotzdem bemüht er sich sehr, klar zu machen, daß er nicht an die Bewegung der Erde glaube.

Im folgenden Jahrhundert wischte der deutsche Kardinal Nikolaus von Kues (Cusanus) das ganze Gebäude des geozentrischen Universums weg – zusammen mit manch anderem, das von der Kirche hoch geschätzt wurde. Er unterzog die *Etymologiae* des Erzbischofs Isidor von Sevilla einer gründlichen Prüfung und untersuchte die nach Isidor benannten Dekretalen, welche eine besondere Bastion der Kirche waren. Als Dekretalen galten allerhand kirchenrechtliche Bestimmungen, Papstbriefe, Konzilsbeschlüsse und ähnliche Dokumente, die seit der Apostelzeit überliefert und ergänzt waren, bis Isidor sie im achten Jahrhundert gesammelt hatte.[15] Sie unterstützten Lehre, Disziplin, Zeremonien und viele andere Ansprüche der Kirche. Nikolaus von Kues zeigte, daß es sich um ein Sammelsurium von Anachronismen handelte; und trotz Versuchen kirchlicherseits, diese Kritik zu unterdrücken, erwiesen sich diese Dekretalen bald als fromme, aber geschickte Fälschungen. Mit ähnlicher Mißachtung geheiligter Autorität vertrat des Kusaner eine Kosmologie, in der die Erde ein sich bewegender Stern wie die Sonne war. Er behauptete, das Universum müßte eine unendliche Sphäre sein, da nichts Kleineres der göttlichen Allmacht angemessen wäre. Seine Vorstellung vom Kosmos war mystisch und physikalisch sinnlos, da er meinte, daß jeder Körper im Weltall gleichzeitig im Zentrum, an der Oberfläche und im Innern wäre. Der Mittelpunkt der universellen Sphäre fiele allenthalben mit ihrer Umfangsfläche zusammen.

Somit war schon hundert Jahre vor Copernicus der Gedanke der Erdbewegung von einem bedeutenden Kardinal der Kirche aufs neue ausgesprochen worden. Aber die Ansichten des Nikolaus von Kues gründeten sich auf Visionen einer unendlichen Gottheit, der nur ein unendliches Universum adäquat sein könnte, und die völlig imstande wäre, die dadurch geschaffenen Widersprüche aufzuheben. Die Werke des Kusaners waren nur dadurch, daß sie ein weites Publikum fanden und dazu dienten, die Leute an die offensichtlich absurde Vorstellung einer bewegten Erde zu gewöhnen, für die Weiterentwicklung der kosmologischen Vorstellungen von Bedeutung.

Der wirkliche Bruch mit dem geozentrischen, epizyklischen Weltbild begann in radikal anderer Weise. Heute hört man oft, der Bruch wäre plötzlich und unmittelbar durch die Veröffentlichung des berühmten Buches *De revolutionibus orbium coelestium* von Copernicus im Jahre 1543 eingetreten. Die Annahme, Copernicus habe Ideen wiederbelebt, die sporadisch im Lauf der Geschichte aufgetreten waren, wonach sich die Erde um die Sonne bewegen würde, in scharfem Widerspruch zu dem Weltbild, das kosmologisch von dem ptolemäischen geometrischen Modell des Universums ausging, dieser Gedanke ist eine recht freie Interpretation jener für die Entwicklung der Kosmologie kritischen Phase. Copernicus kam es im Gegenteil vornehmlich darauf an, die Heiligkeit der Kreisbewegung zu retten. Wie andere vor ihm, beunruhigte ihn das künstliche Mittel des Äquanten, wodurch Ptolemaios die Vorhersagen der Epizykeltheorie in bessere Übereinstimmung mit den Beobachtungen zu bringen gesucht hatte. Ptolemaios nahm an, daß sich der Planet auf einer Kreisbahn bewegt mit einer Geschwindigkeit, die in bezug auf das Zentrum dieses Kreises nicht gleichförmig ist, wohl aber hinsichtlich eines Punktes außerhalb des Zentrums – eben des Äquanten. Von der Erde als dem geometrischen Mittelpunkt der Bahn aus gesehen, konnte man dann eine ungleichmäßige Geschwindigkeit des Planeten am Himmel vorausberechnen, in Übereinstimmung mit den Beobachtungen.

Dieses Schema gefiel Copernicus nicht. In dem an Papst Paul III. gerichteten Vorwort seines Buches schrieb er:

„Diejenigen aber, welche die excentrischen Kreise ersannen, obgleich sie durch dieselben die erscheinenden Bewegungen zum grossen Theile mit zutreffenden Zahlen gelöst zu haben scheinen, haben dennoch sehr Vieles herbeigebracht, was den ersten Grundsätzen über die Gleichmässigkeit der Bewegung zu widersprechen scheint ... Daher zeigt es sich, dass sie in dem Gange des Beweises, den man Methode nennt, entweder etwas Nothwendiges übergangen, oder etwas Fremdartiges und zur Sache nicht Gehörendes hinzugesetzt haben; was ihnen gewiss nicht widerfahren wäre, wenn sie sichere Principien befolgt hätten. Wenn aber ihre angewandten Hypothesen nicht trügerisch wären, so hätte sich Alles, was daraus folgt, unzweifelhaft bewährt. Es mag das, was ich hier sage, dunkel sein, es wird aber seines Ortes klar werden.“[16]

De revolutionibus war ein schwer verständliches Werk, wie der *Almagest* des Ptolemaios, auf dem es beruhte. Heute denken wir immer gleich an alle die revolutionären kosmologischen Vorstellungen, die der copernicanischen Hypothese entströmen sollten; aber das primäre Anliegen Copernicus' war die Erklärung ziemlich unbedeutender Schwierigkeiten bei den beobachteten Planetenbewegungen. Seit dem Erscheinen des *Almagest* waren dreizehn Jahrhunderte Planetenbeobachtung verstrichen, und die sich aufsummierenden Fehler in der Vorhersage von Planetenörtern hatten viele Unstimmigkeiten im Verfahren des Ptolemaios ergeben. Copernicus schrieb hinsichtlich früherer Vorstellungen von der Bewegung der Erde:

„... fing auch ich an, über die Beweglichkeit der Erde nachzudenken, und obgleich die Ansicht widersinnig schien, so that ich's doch, weil ich wusste, dass schon Anderen vor mir die Freiheit vergönnt gewesen war, beliebige Kreisbewegungen zu Ableitung der Erscheinungen der Gestirne anzunehmen. Ich war der Meinung, dass es auch mir wohl erlaubt wäre, zu versuchen, ob unter Voraussetzung irgend einer Bewegung der Erde, zuverlässigere Ableitungen für die Kreisbewegung der Himmelsbahnen gefunden werden könnten, als bisher. Und so habe ich denn, unter Annahme der Bewegungen, welche ich im nachstehenden Werke der Erde zuschreibe, und durch viele und lange fortgesetzte Beobachtungen endlich gefunden, dass, wenn die Bewegungen der übrigen Wandelsterne auf den Kreislauf der Erde übertragen, und dieser dem Kreislaufe jedes Gestirnes zu Grunde gelegt wird, – nicht nur die Erscheinungen jener daraus folgen, sondern auch die Gesetze und Grössen der Gestirne und alle ihre Bahnen und der Himmel selbst so zusammenhängen, dass in keinem seiner Theile, ohne Verwirrung der übrigen Theile und des ganzen Universums, irgend etwas verändert werden könnte.“[17]

Die Bewegung der Erde als Hauptmerkmal der Hypothese war keine neue Idee, wie Copernicus in seiner Einleitung zu *De revolutionibus* zu betonen bemüht ist:

„Daher gab ich mir die Mühe, die Bücher aller Philosophen, deren ich habhaft werden konnte, von Neuem zu lesen, um nachzusuchen, ob nicht irgend Einer einmal der Ansicht gewesen wäre, dass andere Bewegungen der Weltkörper existirten, als Diejenigen annehmen, welche in den Schulen die mathematischen Wissenschaften gelehrt haben. Da fand ich denn zuerst bei Cicero, dass Nicetus (sollte heißen: Hicetas; A.d.Ü.) geglaubt habe, die Erde bewege sich. Nachher fand ich auch bei Plutarch, dass einige Andere ebenfalls dieser Meinung gewesen seien; seine Worte setze ich, um sie Jedem vorzulegen, hierher: „Andere aber glauben, die Erde bewege sich: so sagt Philolaus, der Pythagoreer, sie bewege sich um das Feuer in schiefem Kreise, ähnlich wie die Sonne und der Mond; Heraklid von Pontus und Ekphantus, der Pythagoreer, lassen die Erde sich zwar nicht fortschreitend, aber doch nach Art eines Rades, eingegrenzt zwischen Niedergang und Aufgang um ihren eigenen Mittelpunkt bewegen.“[18]

Da es Copernicus nicht gelang, eine überzeugende physikalische Rechtfertigung für die Bewegung der Erde zu finden, suchte er sein revolutionäres Modell dadurch zu erhärten, daß er betonte, nicht nur Mathematiker wie Aristarch hätten diese Idee ins Auge gefaßt, sondern diese Vorstellung wäre im Denken antiker Philosophen verwurzelt. Aber die wahre Bedeutung der copernicanischen Hypothese für die

Entwicklung des kosmologischen Denkens liegt nicht bloß in der Einführung der Vorstellung einer sich bewegenden Erde, sondern auch in dem komplizierten mathematischen Schema, das er entwickelte, um die beobachteten Planetenbewegungen zu erklären. Durch die Annahme, daß sich die Erde und die Planeten in Kreisbahnen um die Sonne bewegten, war Copernicus in der Lage, zwei wesentlichen Anomalien der Planetenbewegung Rechnung zu tragen: der Rückläufigkeit und der zeitlichen Variation beim Umlauf durch die Ekliptik. Zumindest eine qualitative Übereinstimmung von Vorhersage und Beobachtung konnte die Theorie liefern, ohne der großen Epizykel und Äquanten des ptolemäischen Systems zu bedürfen. Copernicus konnte mit sieben kreisförmigen Planetenbahnen um die Sonne als Zentrum die beobachteten Bewegungen mathematisch qualitativ darstellen. Schwierigkeiten blieben noch, wenn die Theorie Planetenörter quantitativ voraussagen sollte. Diese Schwierigkeiten konnte Copernicus nur durch Einführung von Exzentern und kleinen Epizykeln lösen. Um beispielsweise die Tatsache zu berücksichtigen, daß die Sonne sich im Winter schneller durch die Tierkreiszeichen zu bewegen scheint als im Sommer, mußte das Zentrum der Erdbahn von der Sonne wegrücken; außerdem mußte dieses Zentrum noch eine langfristige Bewegung ausführen, um allmähliche Variationen zu erfassen. Ähnliche Komplikationen waren notwendig, um die Bewegungen des Mondes und der Planeten darzustellen. Bei dem Mond griffen drei Kreisbewegungen ineinander, und für Mars und die anderen Planeten wurden kleine Epizykel hinzugefügt. Es entbehrt nicht der Ironie, daß Copernicus in seinem Bestreben, das ptolemäische System durch Einführung einer Erdbahn um die Sonne zu vereinfachen, schließlich gezwungen war, ein System von Kreisen, Exzentern und kleinen Epizykeln zu konstruieren, das weder einfacher, noch in seinen Vorhersagen genauer war als das des Ptolemaios.

Die Folge der Ereignisse, welche Copernicus zu seiner heliozentrischen Hypothese geführt haben, und die Tatsache, daß diese sich als hochbedeutsame Revolution des Weltbildes behaupten konnte, hat historischen Charakter. Copernicus wurde 1473 in Thorn (Toruń im heutigen Polen) als Kind reicher Eltern in einem blühenden Gemeinwesen geboren. Die Thorner Kaufleute erzielten große Gewinne durch den Handel mitteleuropäischer Produkte mit England und Flandern. Man hat geschätzt, daß Thorn im Krieg gegen die Deutschordensritter von 1454 bis 1466 mehr als das Sechsfache der jährlichen Einkünfte von Krakau, der damaligen Hauptstadt Polens, ausgegeben hat. Zumindest etwas von dem öffentlichen Wohlstand diente der Gründung hervorragender Schulen und Erziehungsanstalten. Wenn es auch ungewiß ist, wo Copernicus seine erste Bildung erhielt, so hatte er doch schon als junger Mensch das Glück guter Verbindungen. Sein Onkel Lukas Watzenrode, der spätere Bischof von Ermland, war Rektor der St. Johannes-Kirche, zu der eine Schule gehörte mit Astronomie im Lehrplan. Mit achtzehn Jahren bezog Copernicus die Universität Krakau, die zwei Lehrstühle für Mathematik und Astronomie besaß, deren einer von Marcin Król, einem Freund und Mitarbeiter des deutschen Astronomen Johann Müller (Regiomontanus) gegründet war. Zu jener Zeit genoß Krakau einen bedeutenden Ruf als Zentrum astronomischer Studien. Copernicus kam unter den Einfluß von Wojciech Brudzewski, der neue astronomische Tafeln für den Meridian von Krakau verfaßt hatte. Hartmann Schedelius schrieb 1493, daß die Universität „sich vieler bedeutender und hochgelehrter Männer rühmt ... aber die astronomische Wissenschaft dort den höchsten Stand hat“.[19] Es ist verständlich, daß in dieser Umgebung und in den Jahren, da Diaz auf dem Weg nach Indien das Kap der guten Hoffnung umsegelte und Columbus von Palos auszog, bei Copernicus das Interesse an astronomischen Problemen erwachte. Vermutlich erfuhr er zuerst aus den Schriften Brudzewskis von Widersprüchlichkeiten des astronomischen Weltbildes. Aber man hatte ihn für den geistlichen Stand bestimmt; und nachdem ihm ein Kanonikat im Ermland 1495 entgangen war, schickte man ihn zum Studium der Rechte nach Bologna.

Der Einfluß, den Regiomontanus über Brudzewski auf Copernicus ausgeübt hatte, setzte sich in Bologna fort, wo einer seiner Lehrer, Domenico Maria Novara-Anovaria, auch ein Gefolgsmann von Cusanus und Regiomontanus war. Regiomontanus hatte gegen Ende seines Lebens (er starb drei Jahre vor der Geburt des Copernicus) zunehmend Unbehagen gegenüber der traditionellen astronomischen Lehre geäußert. Man kann sogar belegen, daß er schließlich zu dem Schluß kam, die Erde könnte nicht fest im Mittelpunkt des Universums ruhen, sondern müßte, wie Aristarch vermutet hatte, in Bewegung sein. Es ist wichtig zu beachten, daß die Studienjahre des Copernicus in eine Zeit fielen, wo es nicht ungewöhnlich war, die Möglichkeit einer bewegten Erde zu erwägen; und wahrscheinlich hat seine erste überlieferte astronomische Beobachtung – des Mondes im März 1497 – ihn dazu gebracht, die geozentrische Theorie als falsch zu erkennen.

Copernicus beobachtete, daß sich die Größe der Mondscheibe nicht als Funktion der Phasen änderte. Damit wurde eine Mitteilung bestätigt, die er in der *Epitome in Almagestum* des Regiomontanus gefunden hatte. Andererseits hätte nach der von Regiomontanus in jener Arbeit dargelegten ptolemäischen Theorie die Entfernung des Mondes von der Erde – und darum auch seine scheinbare Größe – um einen Faktor 2 schwanken müssen zwischen erstem und letztem Viertel einerseits und Neu- und Vollmond andererseits.

Nach Polen zurückgekehrt wurde Copernicus als ständiger Mitarbeiter von Bischof Watzenrode durch zeremoniale und religiöse Pflichten stark beansprucht. Aber das konnte seine astronomischen Gedankengänge nicht ersticken. Im

Alter von 34 Jahren ließ Copernicus unter Krakauer Wissenschaftlern ein handschriftliches Dokument von ungefähr zwanzig Seiten Umfang zirkulieren, das allgemein als *Commentariolus* bekannt wurde.[20] Es handelt sich um eine kurze Skizze der heliozentrischen Theorie: „Der Erdmittelpunkt ist nicht der Mittelpunkt der Welt, sondern nur der der Schwere und des Mondbahnkreises ... Alle Bahnkreise umgeben die Sonne, als stünde sie in aller Mitte, und daher liegt der Mittelpunkt der Welt in Sonnennähe."[21] Der *Commentariolus* enthielt nicht die zur Stützung dieser Hypothese nötigen geometrischen Beweise; diese waren dem größeren Werk *De revolutionibus* vorbehalten, welches Copernicus neben seinen geistlichen (und weltlichen) Pflichten für den Rest seines Lebens beschäftigen sollte.

Um Beweismaterial für seine Hypothese zu sammeln, beobachtete Copernicus Sonne, Mond und Planeten. Es ist beachtlich, daß ihm dies mit den rohen astronomischen Instrumenten jener Zeit möglich war, ebenso wie die Abfassung von *De revolutionibus* neben seiner anstrengenden beruflichen Tätigkeit. Nachdem er den *Commentariolus* in Umlauf gesetzt hatte, war Copernicus volle 25 Jahre damit beschäftigt, seine frühen Spekulationen in die komplizierte, geometrische Beweisführung seines Hauptwerks zu überführen. Elf Jahre danach, im März 1543, wurde ihm, als er schon im Sterben lag, ein gedrucktes Exemplar von *De revolutionibus* überbracht. Aber jene 25 Jahre in der ersten Hälfte des 16. Jahrhunderts, in denen die Ideen des *Commentariolus* in die heliozentrische Theorie von *De revolutionibus* transformiert wurden, markieren die Epoche, in der sich die Kosmologie aus den Banden der geozentrischen Vorstellung befreite, wonach die Erde im Zentrum des Universums fixiert sein müßte. „Wir finden also in dieser Anordnung eine bewundernswürdige Harmonie der Welt, und einen zuverlässigen, harmonischen Zusammenhang der Bewegung und Größe der Bahnen, wie er anderweitig nicht gefunden werden kann."[22]

4. Der Sieg des copernicanischen Weltbildes

Copernicus rettete die Idee vollkommener Kreisbewegung um den Preis des immensen Problems einer bewegten Erde. Die damit aufgeworfenen Fragen und zu überwindenden Schwierigkeiten waren so groß, daß es aus heutiger Sicht nur verwundern muß, wie sich die heliozentrische Theorie im sechzehnten Jahrhundert halten konnte, wo doch alle früheren Hypothesen dieser Art der naiv einleuchtenden Ansicht einer ruhenden Erde zum Opfer gefallen waren. Tatsächlich waren die Aussichten für das in *De revolutionibus* entwickelte System schlecht. Zu seinen Gunsten sprachen Lehren und Vorstellungen aus der Antike. Daß man des gekünstelten Äquanten entraten konnte, betonte ästhetische Vorzüge der Theorie – die Kreissymmetrien und einen „zuverlässigen, harmonischen Zusammenhang der Bewegung und Größe der Bahnen." Dagegen fielen aber eine Menge astronomischer, physikalischer und theologischer Argumente in die Waagschale. Astronomisch lieferte die neue Theorie keine wesentlich bessere Darstellung der Himmelserscheinungen als die des Ptolemaios, und obwohl nur Kreisbewegungen vorkamen, waren doch noch viele epizyklische Bewegungen erforderlich. Physikalisch konnte kein handfester Beweis für die Bewegung der Erde erbracht werden; und hinsichtlich des religiösen Dogmas war die Hypothese eine Katastrophe, weil der Glaube an gleichmäßige Kreisbewegung gegenüber der Autorität der Bibel wenig Gewicht hatte.

Da noch über mehr als ein halbes Jahrhundert nach Copernicus' Tode keine Fortschritte in Theorie und Beobachtung zu verzeichnen waren, hätte die heliozentrische Idee eigentlich längere Zeit nur im Verborgenen existieren sollen.

Aber es kam so, daß die umständliche Art, in der *De revolutionibus* publiziert wurde und die darin enthaltenen revolutionären Gedanken sich verbreiteten, das Überleben sicherte. Heute, wo das Verlangen nach sofortiger Anerkennung von Priorität oft zur Veröffentlichung unverdauter Resultate führt, kann man sich schwer vorstellen, daß Copernicus nach Fertigstellung seines Werkes 1532 nicht um dessen Erscheinen bemüht war. Den Grund dafür kennen wir nicht. Sicher war er mit vielen Verwaltungsarbeiten belastet; der Krieg mit den Deutschordensrittern war im Gange; außerdem war Copernicus mit weitreichenden Vollmachten betraut, um Ermland neu aufzubauen. Schon Jahre vor der Fertigstellung von *De revolutionibus* war ihm vor Augen geführt worden, welche Opposition er zu gewärtigen hatte. Die Nachricht von der im *Commentariolus* vorgebrachten Hypothese hatte sich durch ganz Europa verbreitet, und in einer öffentlichen Burleske hatte sich nahe der Wohnung des Copernicus ein eingewanderter Holländer 1525 über das heliozentrische Weltbild lustig gemacht.

Aber in jener Zeit konnte fortschrittliches Denken durch kirchliche Schirmherrschaft ermutigt werden. Der Vatikan interessierte sich für die Ansichten Copernicus', wie das Vorwort zu *De revolutionibus* zeigt, worin er darlegte:

„... so bewog mich die Verachtung, welche ich wegen der Neuheit und scheinbaren Widersinnigkeit meiner Meinung zu fürchten hatte, fast, dass ich das fertige Werk ganz bei Seite legte. Aber meine Freunde brachten mich, der ich lange zauderte und sogar mich widersetzte, davon wieder ab; unter ihnen vorzüglich der in jeder Art des Wissens berühmte Cardinal von Capua, Nicolaus Schonberg; nächst ihm mein sehr geliebter Tidemann Giese, Bischof von Culm, der sich mit gleichem Eifer der Kirche und allen guten Wissenschaften widmet. Dieser nun hat mich oft ermahnt, und durch zuweilen hinzugefügte Vorwürfe angetrieben, dass ich mein Buch herausgeben sollte, welches bei mir nicht neun Jahre nur, sondern bereits in das vierte Jahrneunt hinein verborgen gelegen hatte. Dasselbe verlangten von mir nicht wenige andere ausgezeichnete und sehr gelehrte Männer, indem sie mich ermahnten, dass ich nicht länger wegen der gehegten Besorgnisse verweigern sollte, mein Werk dem allgemeinen Nutzen der Mathematiker zu weihen. Sie sagten, dass, je widersinniger jetzt meine Lehre von der Bewegung den Meisten erschiene, sie desto mehr Bewunderung und Dank ernten werde, wenn Jene durch die Herausgabe meiner Commentare den Nebel des Widersinnigen durch die klarsten Beweise beseitigt sehen würden."[23]

Es scheint sicher, daß Papst Clemens VII. eine Darlegung der neuen Theorie gegeben wurde. Natürlich war das auch das Zeitalter der Reformation – Luthers Lehren waren auf dem Reichstag zu Worms 1521 offiziell verdammt worden. Bei der Beharrlichkeit, mit der Luther die Bibel als einzige Quelle der Autorität betonte, ist es keine Überraschung, daß er Copernicus ablehnte. Etwa um die Zeit, da Copernicus *De revolutionibus* abschloß, sagte Luther:

„Es ward gedacht eines newen Astrologi/ der wolte beweisen/ das die Erde bewegt würde und umbgienge/ Nicht der Himel oder das Firmament/ Sonne und Monde/ Gleich als wenn einer auff einem Wagen oder in einem Schiffe sitzt und bewegt wird/ meinete/ er sesse still und rugete/ das Erdreich aber und die Beume gingen umb und bewegten sich. Aber es gehet jtzt also/ Wer das wil klug sein/der sol jm nichts lassen gefallen/ was andere machen/ Er mus jm etwas eigens machen/ das mus das aller beste sein/ wie ers machet/ Der Narr wil die gantze kunst Astronomiae umbkeren/ Aber wie die heilige Schrift anzeiget/ so hies Josua die Sonne stillstehen/ und nicht das Erdreich."[24, 25]

Um so bemerkenswerter ist, daß Copernicus 1539 aus Wittenberg, dem Hauptzentrum der Reformation, einen Besucher bekam, dem die Welt für immer dafür dankbar sein muß, daß *De revolutionibus* gedruckt wurde. Ironischerweise geschah es auf die Empfehlung von Melanchthon, daß der zweiundzwanzig Jahre alte Georg Joachim von Lauchen (der seinen Namen in Rheticus latinisierte) 1536 zum Professor für Mathematik und Astronomie an der Universität Wittenberg ernannt wurde. Drei Jahre danach erhielt er Urlaub zu dem ausdrücklichen Zweck, Copernicus aufzusuchen. Über diesen Besuch hat Koestler geschrieben: „Schade, daß Rhetikus in seinem überschwenglichen Stil nicht auch von seinem ersten Zusammentreffen mit Domherrn Koppernigk berichtet. Denn es war eine der großen Begegnungen der Geschichte wie die Zusammenkunft Aristoteles' mit Alexander, Cortez' mit Montezuma, Keplers mit Tycho, Marx' mit Engels."[26]

Copernicus hatte das Manuskript von *De revolutionibus* abgeschlossen, aber niemand kannte seinen Inhalt, und er zauderte, das Werk drucken zu lassen. Er brauchte einen jungen Schüler, der den wesentlichen Inhalt der Theorie einer ausgewählten Minderheit zur Kenntnis bringen würde, ohne die irrationale Reaktion der Massen auf den Gedanken einer bewegten Erde zu provozieren. Rheticus war genau dieser Schüler, und seine Begeisterung wuchs noch, als er das Manuskript studierte. Unter ständigem Drängen seitens Rheticus' und seines Freundes, Bischof Giese von Kulm, schlug Copernicus erst vor, die Planetentafeln zu drucken, aber nicht die Hypothese von der Bewegung der Erde, worauf sie beruhten. Giese wandte ein: „... ein derartiges Werk wäre bloß ein unvollständiges Geschenk an die gelehrte Welt, sofern mein Lehrer nicht auch die Gründe für diese Tafeln darlege und, dem Beispiel des Ptolemäus folgend, das System oder die Theorie nebst den Beweggründen und Beweisen, auf denen sie ruht, hinzufüge ..."[27] Schließlich kam es zu einem Kompromiß. *De revolutionibus* sollte nicht gedruckt werden; aber Rheticus würde einen Bericht über den Inhalt schreiben unter der Bedingung, daß Copernicus nirgends namentlich genannt würde und er den Verfasser des unveröffentlichten Manuskripts mit *domine praeceptor* apostrophierte. Das Ergebnis, ein Manuskript von 26 Seiten, wurde 1540 von Rheticus in Danzig unter dem Titel *Narratio prima* veröffentlicht. Es ist Johannes Schöner, einem Patron von Rheticus' Besuch bei Copernicus, gewidmet und zeugt von der ungeheuren Anstrengung, der sich Rheticus unterzogen hatte:

„Der Astronom, der die Bewegungen der Sterne studiert, gleicht wahrhaft einem Blinden, der, von nichts anderem als einem Stabe (die Mathematik) geleitet, eine große, nie endende und gefährliche Reise unternehmen muß, auf gewundenen Wegen, durch unzählige Einöden. Was wird das Ergebnis sein? Nachdem er eine Zeitlang ängstlich vorwärts ging, den Weg mit seinem Stab ertastend, wird er sich manchmal auf diesen stützen und verzweifelt zum Himmel, der Erde und allen Göttern laut um Hilfe in seinem Elend schreien."[28]

Nachdem *De revolutionibus* unter einer Anzahl europäischer Gelehrter zirkulierte, wurde der Druck zur Veröffentlichung des Werks stärker. Schließlich gab Copernicus dem Drängen von Rheticus nach, der von Sommer 1540 bis September 1541 das ganze Manuskript kopierte und korrigierte. Im Frühjahr 1542 brachte Rheticus das Manuskript nach Nürnberg, um es bei Johannes Petreius drucken zu lassen – ein Unternehmen, das ständiger Überwachung durch ihn bedurfte. Leider mußte Rheticus Nürnberg im November verlassen, ehe die Arbeit fertig war, um den Lehrstuhl für Mathematik in Leipzig zu übernehmen. Die Aufsicht über den Druck überließ er Andreas Osiander, einem führenden Theologen der Stadt, der Copernicus sympathisch war und dem Rheticus völlig vertraute. Leider war dies Vertrauen unangebracht. Osiander war, obwohl Copernicus wohlgesonnen, ein Anhänger Luthers. Nachdem es ihm nicht gelunden war, Copernicus dazu zu überreden, die Arbeit als eine Sammlung von Hypothesen auszugeben, die nicht unbedingt wahr sein müßten, setzte er aus eigenem Antrieb ein anonymes Vorwort hinzu, in dem es heißt:

„Denn es ist des Astronomen eigentlicher Beruf, die Geschichte der Himmelsbewegungen nach gewissenhaften und scharfen Beobachtungen zusammenzutragen, und hierauf die Ursachen derselben, oder Hypothesen darüber, wenn die wahren Ursachen nicht zu finden sind, zu ersinnen und zusammen zu stellen, aus deren Grundlagen eben jene Bewegungen nach den Lehrsätzen der Geometrie, wie für die Zukunft, so auch für die Vergangenheit richtig berechnet werden können. In beiden Beziehungen hat aber dieser Meister Ausgezeichnetes geleistet. Es ist nämlich nicht erforderlich, dass diese Hypothesen wahr, ja nicht einmal, dass sie wahrscheinlich sind, sondern es reicht schon allein hin, wenn sie eine mit den Beobachtungen übereinstimmende Rechnung ergeben.“[29]

Als *De revolutionibus* erschien, war es zweifelhaft, ob das Vorwort von Copernicus stammte. Obwohl dann die Autorschaft Osianders entdeckt und von Kepler 1609 bekanntgegeben wurde, druckten spätere Auflagen dies Vorwort ohne Kommentar ab, bis 1854, wo Osiander deutlich als Verfasser angegeben wurde.

Es muß für immer der Spekulation anheimgestellt bleiben, welche Beweggründe Osiander dazu trieben, sich anonym einzumischen. Bei sehr wohlwollender Betrachtung könnte man annehmen, daß er als ein führender Protestant nur zu genau wußte, welche Ablehnung die heliozentrische Theorie erfahren müßte; und durch Betonung des „hypothetischen“ Charakters von *De revolutionibus* hoffte er zu erreichen, daß diese revolutionären Ideen schließlich doch anerkannt werden würden. Zumindest wurden zeitgenössische Astronomen durch das anonyme Vorwort dazu berechtigt, die geometrischen Vorstellungen Copernicus’ zu benutzen, ohne sich damit zum Glauben an eine physische Bewegung der Erde zu bekennen. Wenigstens für einige Zeit konnten die,

die wollten, noch an die klassische Doktrin glauben, wonach die Wissenschaft der Physik und die Geometrie des Himmels getrennte Sachgebiete waren.

Falls Osiander diese strategische Linie beabsichtigt hatte, war sein Trick nicht ganz erfolgreich. Besonders seitens der Protestanten wurde Opposition gegenüber der copernicanischen Theorie laut. Der einflußreiche Akademiker Philipp Melanchthon, eine führende Persönlichkeit der lutherischen Reformation und Verfasser der *Augsburgischen Konfession* von 1530, suchte nach dem Erscheinen von *De revolutionibus* die Ausbreitung des heliozentrischen Weltbildes zu verhindern. In *Initia doctrinae physicae* (1549) schrieb er: „Die Augen bezeugen, daß der Himmel binnen vierundzwanzig Stunden einmal umläuft. Aber gewisse Leute, sei es aus Liebe zu Neuerungen, oder um sich als geistvoll aufzuspielen, sind zu dem Schluß gekommen, daß sich die Erde bewegt; und sie behaupten, daß weder die achte Sphäre noch die Sonne umläuft ... Es zeugt von Mangel an Ehrenhaftigkeit und Anstand, solche Meinungen öffentlich zu vertreten, und das Beispiel ist verheerend. Für einen guten Verstand gehört es sich, die Wahrheit so anzunehmen, wie Gott sie offenbart hat, und darin seine Ruhe zu finden." Melanchthon zitierte Bibelstellen[30] als klare Belege dafür, daß die Erde stillsteht; und er fügte noch acht weitere Beweise hinzu für seine Behauptung, daß „die Erde sich nirgends befinden kann, außer im Zentrum des Universums."[31]

Calvin brachte in Genf seinen *Genesiskommentar* heraus, worin er alle verdammte, die von der Meinung abwichen, daß die Erde der Mittelpunkt des Weltalls wäre. Für Calvin war wie für viele andere die Bibel einzige Quelle der Autorität: „Die Welt ist auch festgegründet, daß sie nicht bewegt werden kann."[32] Aufgrund dieser Autorität fragte Calvin: „Wer will es wagen, die Autorität des Copernicus über die des Heiligen Geistes zu stellen?"[33] Vielleicht ist es verständlich, daß sich Wissenschaftler mit öffentlichem Bekenntnis zur heliozentrischen Theorie zurückhielten. Einer der berühmtesten Mathematiker und Astronomen um die Mitte des sechzehnten Jahrhunderts, Peter Apian,[34] nahm in dieser Frage eine völlig neutrale Haltung ein. In dem Bemühen, seinen Lehrstuhl an der Universität Ingolstadt, die unter strengster Aufsicht der Kirche stand, in ausgewogener Stellung zu halten, nahm er weder für noch wider die copernicanische Theorie Stellung. Er hatte einen ungeheuren Einfluß – Karl V. von Deutschland und Spanien war sein Schüler[35] –, so daß allein schon ein Appell, das Urteil über die neue Lehre noch aufzuschieben, den aufkommenden Streit gedämpft haben würde.

Tatsächlich zeigt sich die Macht des Protestantismus um jene Zeit nirgends stärker als in dem Falle Rheticus und Reinhold. Sowohl Rheticus, der treue Schüler des Copernicus, dem wir die Veröffentlichung von *De revolutionibus* verdanken, und sein Wittenberger Kollege Erasmus Reinhold waren Astronomen höchsten Ranges. Reinhold war ebenso wie Rheticus von der Richtigkeit der copernicanischen Lehre überzeugt und publizierte acht Jahre nach dem Erscheinen von *De revolutionibus* eine völlig neue Sammlung astronomischer Tafeln, die auf der copernicanischen Theorie beruhten. Diese *Prutenischen Tafeln*[36] waren seit dreihundert Jahren die ersten astronomischen Vorausberechnungen in Europa und allen vorhandenen weit überlegen. Jeder Astronom, der sie benutzte, erkannte damit stillschweigend die Richtigkeit der copernicanischen Theorie an. Aber Reinhold durfte das heliozentrische Weltbild nicht lehren. Wir wissen nicht, ob er diese Unterdrückung seiner Überzeugung in Wittenberg überlebt haben würde (er starb 1553, zwei Jahre nach dem Erscheinen der Prutenischen Tafeln), oder ob er wie Rheticus anderswo die Freiheit gefunden hätte, die Wahrheit zu suchen und zu verkünden.[37]

Am stärksten wurde das heliozentrische Weltbild seitens der Protestanten unterdrückt. Eine Opposition, die weitgehend auf den vermeintlichen Widersprüchen zur Bibel beruhte, verdunkelte die weiterreichenden Einflüsse der neuen Theorie. Es mußten siebzig Jahre vergehen, bis der katholischen Kirche aufdämmerte, was alles darin enthalten war. Da entlud sich die Gegnerschaft explosiv in dem Verbot von *De revolutionibus* und dem Prozeß Galileis.

5. Tycho Brahe

Im weiteren Verlauf des sechzehnten Jahrhunderts ging die Opposition zur heliozentrischen Theorie nicht gänzlich von der Kirche aus. Tycho Brahe wurde der führende Astronom in der zweiten Hälfte jenes Jahrhunderts. Er war zeitlebens ein Gegner des Copernicanismus; aber ironischerweise führten seine Beobachtungen zum endgültigen Triumph der heliozentrischen Theorie in den ersten Dekaden des siebzehnten Jahrhunderts. Man kann noch heute die Stätte besuchen, wo Tycho seine historischen astronomischen Beobachtungsreihen anstellte – die Insel Hven im Øresund. Diese kleine Insel war früher dänisch und gehört jetzt zu Schweden. Von dem kleinen Hafen Baeckviken führt die Straße empor zu Uranieborg, wo die Kuppeln von Tychos Observatorium rekonstruiert worden sind. Auf diesem höchsten Punkt der Insel scharen sich ein paar Häuser, die Kirche und die Dorfschule um den historischen Platz, wo Tycho vor vierhundert Jahren tätig gewesen ist. Von seinem Schloß ist nicht mehr viel erhalten außer ein paar Steinen des Fundaments. Eine Messingtafel zeigt den Grundriß an. Eine Statue Tychos, die fast im Schulhof steht, und ein kleines Museum runden das Bild ab.

Tycho Brahe war eine recht romantische Gestalt in der Geschichte der Astronomie. Er wurde drei Jahre nach Copernicus' Tode geboren. Zu seinen Lebzeiten erreichten Kepler und Galilei den Gipfel ihrer Leistung. Tycho war ein unerläßliches Bindeglied im heroischen Zeitalter der Astronomie; er steht in der Mitte zwischen Leonardo da Vinci, dem Zeitgenossen des Copernicus, und Newton, der 1642, im Todesjahr Galileis, geboren wurde.

Tycho war ein ungewöhnlicher Mensch, von edler Herkunft, hochmütig und anmaßend, der sich unter Prinzen zu Hause fühlte. Ein König schenkte ihm eine Insel und unbegrenzte Mittel zur Durchführung seiner astronomischen Studien. Die Jugendgeschichte Tychos liest sich wie ein Roman. Sein Vater war Gouverneur von Schloß Helsingborg, und seine Mutter stand dem königlichen Haushalt vor. Aber diese erlauchten Eltern waren in Tychos Jugend nicht die Schlüsselfiguren. Er hatte einen hochangesehenen Onkel, einen wichtigen Admiral der dänischen Flotte, welcher kinderlos war und seinem Bruder das Versprechen abnahm, falls dieser einen Sohn bekommen sollte, ihn adoptieren zu dürfen. Es kann kaum überraschen, daß nach Tychos Geburt sein Vater es sich anders überlegte und sich nicht von seinem Sohn trennen wollte. Als dann ein zweiter Sohn geboren wurde, ließ der Admiral den ersten, Tycho, aus der Wiege rauben.

Der Streit wurde so entschieden, daß Tycho von seinem Onkel zum Erben bestimmt wurde, der aber wenige Jahre danach schon bei einem Schiffsunglück ums Leben kam. Mit fünfzehn Jahren wurde Tycho zum Studium der Rechte nach Leipzig geschickt. Aber bevor er Dänemark verließ, hatte er eine partielle Sonnenfinsternis beobachtet, die ihm die Leidenschaft für Astronomie einflößte. Im Alter von zweiundfünfzig Jahren schilderte Tycho in seiner *Astronomiae instauratae mechanica* diesen Lebensabschnitt folgendermaßen:

„Nachdem ich mein Vaterland Dänemark bereits verlassen hatte, machte ich mich mit Hilfe von ein paar Büchern, speziell Ephemeriden, mit den Elementen der Astronomie vertraut, einem Gegenstand, zu dem ich eine natürliche Neigung hatte. In Leipzig begann ich dann, Astronomie mehr und mehr zu studieren. Dies tat ich, obwohl mein Hofmeister entsprechend dem Wunsch meiner Eltern verlangte, ich solle die Rechte studieren (was ich auch nach Maßgabe meines Alters wirklich tat), es nicht mochte und dagegen war. Ich kaufte mir die astronomischen Bücher heimlich und las sie im Verborgenen, damit der Hofmeister nichts davon merken sollte ...“[38]

Tycho entdeckte bald, daß in den vorhandenen Ephemeriden große Fehler steckten. Zum Beispiel fand er, daß die Zeit der für 1563 vorhergesagten Konjunktion der Planeten Saturn und Jupiter um einen Monat falsch war nach den Alphonsinischen Daten, und etliche Tage nach den copernicanischen Tafeln. Solche Entdeckungen gelangen ihm mit einer rohen Ausrüstung, da es ihm nicht gestattet war, irgendwelche Instrumente zu kaufen.

„Zunächst benutzte ich, so gut es ging, einen ziemlich großen Zirkel, wobei ich die Achse dicht ans Auge hielt und das eine Bein auf den zu beobachtenen Planeten richtete und das andere auf einen benachbarten Fixstern ... später, im Jahre 1564, ließ ich heimlich einen hölzernen astronomischen Kreis anfertigen ... Als ich diesen Kreis bekommen hatte, machte ich mich mit Eifer an Sternbeobachtungen, so oft ich nur die Gunst eines klaren Himmels hatte. Oft blieb ich die ganze Nacht über wach, während mein Hofmeister schlief und nichts davon merkte; denn ich beobachtete die Sterne durch Dachfenster. Die Beobachtungen trug ich in ein kleines Buch ein, das noch in meinem Besitz ist.“

Tycho scheint diese Lebensweise an verschiedenen europäischen Universitäten eine Anzahl von Jahren lang fortgesetzt zu haben, wobei er die ganze Zeit über Instrumente für Sternbeobachtungen konstruierte. Als er in Augsburg studierte, lernte er den Bürgermeister Paul Hainzel kennen, der sich für Astronomie interessierte. Er besaß ein größeres Gelände außerhalb der Stadt; und dort baute Tycho einen Quadranten aus Messing und Eichenholz von achtzehn Fuß Radius mit einer so kräftigen Montierung, daß man die Höhen von Sonne und Planeten auf eine sechstel Bogenminute genau messen konnte – für jene Tage ein beachtliches astronomisches Instrument. Nachdem Tycho Augsburg verlassen hatte, benutzte der Bürgermeister den Quadranten weiter und schickte Tycho seine Ergebnisse. Leider wurde das Instrument nach fünf Jahren aufgegeben. Tycho schreibt dazu später:

„Es wäre zu wünschen gewesen, daß dieses hervorragende Instrument längere Zeit dort erhalten geblieben und weiter in Gebrauch gewesen wäre, oder daß ein anderes an seiner Stelle errichtet worden wäre. Da sich die Leute aber in der Regel mehr für weltliche Dinge als solche des Himmels interessieren, bleiben sie gewöhnlich solchen Vorkommnissen gegenüber gleichgültig, die sich für sie vielleicht als nachteiliger erweisen, als sie selbst annehmen.“

Im Alter von sechsundzwanzig Jahren meinte Tycho, daß seine Studien an den europäischen Universitäten abgeschlossen wären und kehrte nach Dänemark zurück. Während seiner Zeit in Augsburg hatte er auch Interesse an der Alchemie gewonnen; aber damals, 1572, geschah etwas, das Tycho veranlaßte, alles außer der Astronomie aufzugeben. Einer seiner Onkel hatte in Dänemark eine Papierfabrik sowie Glashütten erbaut und Tycho zugeredet, in diesen Laboratorien weiter Alchemie zu treiben. Als Tycho am 11. November 1572 von dort heimging, bemerkte er einen Stern, so hell wie die Venus, in der Nähe des Sternbildes Cassiopeia, wo noch nie ein heller Stern beobachtet worden war. Tycho verfügte jetzt über die nötigen Instrumente, um die Position dieses Sterns zu bestimmen; und zur Verblüffung der führenden Astronomen seiner Zeit bewies er, daß der neue Stern unter den Fixsternen unbeweglich verharrte.

Es ist für uns heutzutage schwierig zu ermessen, welchen Einfluß diese Entdeckung in einem Europa haben mußte, das in der klassischen aristotelischen Lehre eines festen, unveränderlichen Universums verwurzelt war. Tycho beobachtete den Stern weiter, bis er achtzehn Monate später zu lichtschwach wurde. Da seine Meßinstrumente denen professioneller Astronomen weit überlegen waren, konnte niemand bezweifeln, daß es sich tatsächlich um das Aufflammen eines neuen Sterns am Firmament gehandelt hatte. So wurde Tycho im Alter von sechsundzwanzig Jahren der berühmteste Astronom seiner Zeit. Dies Ereignis veranlaßte ihn, seine Alchemie, die einen großen Teil seiner Zeit zu beanspruchen begonnen hatte, aufzugeben; und er widmete sein weiteres Leben dem Studium der Sterne.

Tycho hatte nicht die Absicht, sein Werk in Dänemark fortzuführen. In der Tat nahm er sich zwei Jahre später vor, sich in Basel niederzulassen, wo er die Grundlagen einer Wiederbelebung der Astronomie zu legen gedachte. Seine Wahl war auf Basel gefallen wegen des gesunden Klimas und angenehmen Lebens, und weil es dort lag, wo Italien, Frankreich und Deutschland zusammentrafen. So wäre es für ihn leicht gewesen, mit hervorragenden und gelehrten Männern an verschiedenen Orten Freundschaft zu schließen. „Ich hatte auch das Gefühl, es würde mir nicht hinreichend leicht fallen und bequem genug sein, diese Studien im Vaterland fortzusetzen, zumal dann, wenn ich in Schonen und auf meinem Gut Knudstrup bliebe, wo ein unablässiger Strom von Adligen und Freunden die wissenschaftliche Arbeit behindern und Forschungen solcher Art nicht zulassen würde."

Aber Tycho sollte seine Absicht nicht in dieser Weise ausführen, denn ein König griff ein. Tycho berichtet in *Astronomiae instauratae mechanica* den Gang der Ereignisse:

„Es kam so, daß, während ich im Stillen diese Dinge erwog und schon Reisevorbereitungen traf, ohne allerdings meine Absicht kundzutun, der edle und mächtige Frederik II., König von Dänemark und Norwegen, einen seiner jungen Adligen zu mir nach Knudstrup schickte mit einem Brief, in dem er mich selbst ersuchte, sofort zu ihm zu kommen, wo auch immer er sich gerade in Seeland aufhalten möge. Nachdem ich mich unverzüglich diesem erhabenen

König vorgestellt hatte, der nicht genug gepriesen werden kann, bot er mir aus eigenem Antrieb und in seinem gnädigsten Willen jene Insel in dem weitberühmten Dänischen Sund an, die unsere Landsleute Hven nennen, die aber Lateinisch Venusia heißt und bei Fremden als Scarlatina bekannt ist. Er bat mich, auf dieser Insel Bauten zu errichten und Instrumente für astronomische wie auch für chemische Forschungen zu konstruieren. Er versprach mir gnädig, reichlich für die Ausgaben aufzukommen."

Nach einigem Überlegen nahm Tycho dieses märchenhafte Angebot an, sicher als der einzige Astronom, dem je die Herrschaft über eine Insel von 2000 Morgen Land, ein persönliches Vermögen und unbeschränkte Mittel für die Errichtung seiner Bauten und Instrumente zuteil geworden sind.

Tycho wählte die höchstgelegene Stelle der Insel aus, praktisch im Zentrum gelegen, und begann 1576 mit dem Bau des üppigen Schlosses, das er Uranieborg nannte. Den Grundstein legte sein Freund Charles Dançay, der französische Gesandte am dänischen Hofe.

„Als der für die Grundsteinlegung bestimmte Tag nahte, kam Exzellenz Dançay an, begleitet von etlichen Adligen, sowie einigen Gelehrten unter unseren gemeinsamen Freunden, um diesem Akt beizuwohnen; und am Morgen des 8. August, als die aufgehende Sonne zusammen mit Jupiter im Herzen des Löwen stand, während der Mond am Westhimmel im Wassermann war, legte er diesen Stein in unser aller Beisein, nachdem er ihn erst mit Wein verschiedener Sorten geweiht hatte, und mit dem Gebet um Glück in jeder Hinsicht, wobei die Freunde ringsum einstimmten."

Das Schloß war von Mauern umgeben, die an der Basis fast sieben Meter breit waren und eine Höhe von mehr als sieben Metern hatten. Sie umrissen ein Quadrat von hundert Metern Seitenlänge; aber jede dieser Seiten war durch einen halbkreisförmigen Ausschnitt von dreißig Metern Durchmesser unterbrochen. An den nördlichen und südlichen Ekken der Mauer baute Tycho kleinere Nachbildungen des Hauptschlosses – eine zur Unterbringung seiner Diener und eine für seine Druckpresse. Die Ost- und Westecken waren durch große Tore in toskanischem Stil gebildet; und oben auf diesen Toren „befanden sich zwei große englische Wachhunde in Zwingern passender Größe, damit sie durch Gebell die Annäherung von Leuten aus jeder Richtung ankündigen könnten."

Das Schloß im Zentrum dieser Einfriedung hatte die Gestalt eines Quadrats von zwanzig Metern Seitenlänge. Das Gebäude war fast fünfundzwanzig Meter hoch und besaß zwei große Rundtürme von reichlich sieben Metern Durchmesser, worin einige Beobachtungsinstrumente untergebracht waren. Zusätzlich zu diesem enormen Überbau enthielten ein Keller und ein weiteres Untergeschoß [solche Dinge wie] Lebensmittelspeicher, alchemische Laboratorien und Öfen. Tycho sagte, daß dieser Teil des Gebäudes viele Räume enthalten habe und auch „großen Aufwand für seine Erstellung verlangte, kaum weniger als der offen oberhalb des Grundes gelegene Teil des Hauses." Es ist kaum überraschend zu lesen, daß „es nach einigen Jahren fertig war, obwohl in der Zwischenzeit nicht wenige, wenn auch zum Teil unbedeutende Schwierigkeiten und Verzögerungen auftraten."

Aber Tycho war noch nicht zufrieden. Er stellte weiterhin astronomische Instrumente her, für die sich auf den Beobachtungstürmen des Schlosses kein Platz mehr fand. So baute er etwa acht Jahre, nachdem mit der Errichtung des Schlosses begonnen worden war, noch ein unterirdisches Observatorium außerhalb der Schloßmauern. Er tat dies, weil er die wichtigsten Instrumente so aufstellen wollte, daß sie nicht dem Wind ausgesetzt waren. Er wollte auch seine Mitarbeiter absondern, indem einige im Schloß und andere am Observatorium Beobachtungen anstellten, „damit sie sich nicht gegenseitig in den Weg kamen oder ihre Beobachtungen vergleichen konnten, ehe ich dies wünschte".

Tycho arbeitete in Uranieborg mehr als zwanzig Jahre lang. Er führte eine konzentrierte Reihe von Präzisionsbeobachtungen der Positionen und Bewegungen von Sternen und Planeten durch, wie sie nie zuvor verwirklicht worden war. Wenn auch Tychos Name meistens mit den Supernova-Beobachtungen in Verbindung gebracht wird, so ist sein wichtigster Beitrag für die Astronomie doch ohne Zweifel in den Meßreihen von Uranieborg zu sehen. Mit diesem Schatz gewann Kepler seine drei Gesetze der Planetenbewegung. Tycho Brahe war ein großer Beobachter, kann aber keine besondere Bedeutung als Theoretiker beanspruchen. Im Gegenteil war sein Weltsystem ein Rückschritt gegenüber Copernicus. Es war ein unglücklicher Kompromiß, worin er die Erde wieder als Zentrum des Universums einsetzte, wobei die Planeten aber um die Sonne und mit dieser dann um die Erde liefen.

Tychos Lebensstil auf Hven entsprach dem märchenhaften Charakter seines Schlosses. Er empfing und bewirtete seine königlichen und adligen Freunde, zu denen auch James VI. von Schottland zählte, mit einer ständigen Folge von Banketten in königlicher Manier. Leider führte seine hochmütige und anmaßende Art schließlich zu Schwierigkeiten. Die ihm untergebenen Bewohner der Insel behandelte er grausam und war, was ihm besonders schaden sollte, grob gegen jeden, den er nicht mochte. Unglücklicherweise gehörte auch König Christian IV. dazu, der 1588 Frederik auf dem Thron gefolgt war. Christian IV. konnte unmöglich vor Tychos Art, Hven zu regieren, ein Auge zudrücken. Er schrieb Briefe an ihn, die ohne Antwort blieben. Nach einem Zwischenfall, bei dem Tycho eine Familie in Ketten gefangen hielt, obwohl das Hohe Gericht befohlen hatte, sie freizulassen, wurde der große Astronom allmählich höchst mißliebig.

Nach seinem langen Aufenthalt auf Hven wurde Tycho von Unruhe erfüllt; und die Einschränkungen, die der König seinem hohen Einkommen aufzuerlegen wußte, ließen Auswanderungspläne feste Gestalt annehmen. Tycho faßt sich hierzu kurz. Nachdem er aufzählt, was er alles auf der Insel ausgegeben hätte – zum Beispiel „mehr als ein tun“[39] für Wasserkünste und die Papierfabrik –, sagt er:

„Wegen dieses und verschiedener anderer Umstände wird jede verständige Person leicht zu dem Schluß kommen, daß ich sehr gewichtige Gründe gehabt haben mußte, um, besonders im Alter von fünfzig Jahren und mit einer großen Familie, eine Insel zu verlassen, die für mich einen so hohen Wert gehabt hatte, und mein geliebtes Heimatland aufzugeben und so viele Verwandte und Freunde, die ich dort besaß. Ich möchte an dieser Stelle aber nicht angeben, was für triftige Gründe mich dazu bewogen. Immerhin möchte ich meinen durchlauchtigen König Christian IV., meinen allergnädigsten Herrn entschuldigen, der kürzlich seinem Vater Frederik auf dem Thron gefolgt ist. Denn ich hege keinen Zweifel daran, daß er, sofern er rechtzeitig und ausreichend über alle Umstände dieser Angelegenheit unterrichtet worden wäre, gnädig und großzügig diese Forschungen hätte weitergehen lassen ... Ich habe ja um der (Astronomie) willen mutig so viele Mühen und so hohe Ausgaben tragen wollen, so viele Störungen und so viele Anfeindungen, daß ich gewiß nicht gezögert hätte, mein Heimatland zu verlassen und alles, was mir teuer ist. So groß war mein Verlangen, die Gesetze der Sterne zu erforschen.“

Tycho verließ Hven im Frühjahr 1597 und nahm dabei sein ganzes Gefolge mit, seine Bibliothek, Druckpresse und sämtliche astronomischen Instrumente außer einigen besonders großen, die später folgten. Nach verschiedenen Reisen erreichte er schließlich 1599 Prag, wo er eine Begegnung mit Kaiser Rudolf II. erlangt hatte. Tycho schaffte es noch einmal, ein großes Schloß – außerhalb von Prag – und ein sehr hohes Gehalt zu bekommen. Obwohl er den Umbau des Schlosses in eine Sternwarte mit seiner üblichen Energie in Angriff nahm, liefen seine Angelegenheiten nie wieder glatt; und er starb 1601, ohne seine große Beobachtungsreihe wirksam wieder aufgenommen zu haben. Indessen waren diese letzten unruhigen Jahre für die Astronomie hochbedeutsam, weil Tycho Brahe und Kepler sich in jenem Schloß bei Prag trafen. Dort konnte Kepler endlich die wertvolle Information erhalten, die für die Formulierung der Gesetze der Planetenbewegung so wichtig sein sollte.

Mit den Instrumenten von Uranieborg hatte Tycho eine kontinuierliche und systematische Menge von Daten über die Positionen und Bewegungen der Planeten erhalten, die es zuvor nie gegeben hatte. Die in Uranieborg gewonnenen Planetenörter scheinen auf vier Bogenminuten verläßlich gewesen zu sein; und bei einem Fixstern stimmten sie bis auf mindestens eine Bogenminute. Damit wurde die Genauigkeit aller früheren Beobachtungen um mindestens das Doppelte überboten. Besonders war es aber der systematische Charakter dieser Daten, der die alten Aufzeichnungen überholte und überdies viele Probleme eliminierte, die allein durch die Unzuverlässigkeit jener Daten entstanden waren. Weder im sechzehnten Jahrhundert noch heute könnte irgendein Theoretiker eine Planetentheorie aufstellen, die mit den Daten verträglich wäre, welche Copernicus zur Verfügung gestanden hatten. Daher mutet es seltsam an, daß Tycho nicht in der Lage war, die Bedeutung des heliozentrischen Weltbildes von Copernicus zu erfassen. Er brachte viele Gründe für seine Ablehnung dieser Theorie vor und entwickelte Argumente, die viele der klassischen Einwände gegen die Vorstellung einer bewegten Erde beibehielten. Einen besonders gewichtigen Einwand lieferte ihm der Umstand, daß er selbst mit seinen feineren Messungen keine Spur einer Parallaxe des Saturns finden konnte. Wenn sich die Erde um die Sonne bewegte, dann müßte die Position des

Planeten vor dem Hintergrund der Fixsterne im Laufe des Jahres schwanken. Tycho konnte keine solche Parallaxe messen; deshalb schloß er: wenn die Erde sich wirklich bewegte, dann konnte das negative Ergebnis nur bedeuten, daß der Abstand zwischen Sternsphäre und Planet siebenhundertmal größer sein müßte als der zwischen Planet und Sonne. Solche gewaltigen Maßstäbe für das Weltall waren unvorstellbar (und blieben es auch noch für weitere dreihundert Jahre), so daß Tycho sich aus Beobachtungsgründen gezwungen sah, die heliozentrische Hypothese zu verwerfen. Gleichzeitig mochte er das ptolemäische System aber auch nicht. So konstruierte er sein eigenes Tychonisches System, welches die ruhende Erde wieder einführte, aber ein anderes System von Epizykeln für die um die Sonne gescharten Planeten benutzte. Damit glaubte Tycho einige der mathematischen Harmonien des copernicanischen Systems im Rahmen eines geozentrischen Weltbildes zu retten.

Gegenüber der Entfaltung einer auf die heliozentrische Konzeption gegründeten Kosmologie bedeutet das Tychonische System einen Irrweg. Mathematisch war es dem copernicanischen fast genau gleichwertig, hatte aber den sehr großen Vorteil, die in der heliozentrischen Theorie steckenden physikalischen und theologischen Konflikte zu vermeiden. Heute erscheint es uns als eine merkwürdige, rückschrittliche Nebenlinie der kosmologischen Entwicklung, zumal Tycho andererseits bei zwei anderen Eigentümlichkeiten der Astronomie im ausgehenden sechzehnten Jahrhundert eine wichtige Rolle spielte, die im Widerspruch zum aristotelischen Weltbild standen und zu seiner endgültigen Verwerfung beitrugen.

Wenn man die Vollkommenheit und Unveränderlichkeit der Himmelssphäre in Zweifel zog, war das ebenso ketzerisch wie die Annahme, daß die Erde nicht im Zentrum des Weltalls fixiert sei. Aber Tychos Beobachtung des „neuen Sterns“ (von dem wir jetzt wissen, daß es sich um eine Supernova-Explosion gehandelt hat) am 11. November 1572 war das erste unwiderlegliche Zeugnis dafür, daß die Himmelssphäre nicht in ihrer Unwandelbarkeit vollkommen war. Bis dahin war das Prinzip des Aristoteles, wonach Veränderung und Verfall nur der sublunaren Welt eigentümlich sein sollten, kaum ernsthaft herausgefordert worden. Jetzt aber konnte Tycho mit seinen vorzüglichen Instrumenten die Position dieses „neuen Sterns" messen; und er entdeckte, daß sich sein Ort unter den Fixsternen nicht veränderte. Der neue Stern war achtzehn Monate nach seiner Erscheinung deutlich zu sehen und wurde von allen, die sich mit dem Studium der Vorgänge am Himmel beschäftigten, als Phänomen anerkannt. Man war sich sofort darüber klar, daß die Messungen Tychos, wonach es sich um einen Fixstern handeln mußte, dem Glauben an die göttliche Vollkommenheit des Himmels einen vernichtenden Schlag versetzten.

Der zweite Punkt betraf die Kometen. Die Beobachtung einer vereinzelten „Supernova" als Beweis für die Unvollkommenheit des Himmels hätte schließlich von jenen verworfen werden können, denen daran gelegen war, Tycho unbedingt einen Fehler nachzuweisen. Binnen achtzehn Monaten war das Objekt wieder unsichtbar geworden, so daß keine weiteren Bobachtungen möglich waren. Aber zum Unglück für die Leute, welche entschlossen waren, das aristotelische Weltbild zu bewahren, begann Tycho fünf Jahre später, am 27. Oktober 1577, mit Messungen an einer Reihe von Kometen. Im Laufe der folgenden zwanzig Jahre beobachtete er sechs Kometen[40] und konnte abermals keine Parallaxen feststellen, die bestätigt hätten, daß die Kometenerscheinungen der sublunaren Sphäre angehören.

Diese Entdeckung, wonach Kometen jenseits der ‚Welt unter dem Monde' vorkamen, berührte die theologische Lehre und die Volksmeinung in einem anderen empfindlichen Punkt, ganz abgesehen von dem Hinweis auf die Unvollkommenheit der Bereiche jenseits des Mondes.[41] Der

Glaube, daß das Erscheinen eines Kometen ein Zeichen von Gott wäre, meist eine Warnung an die Menschheit, war tief in der Geschichte verwurzelt. Nach einer römischen Sage war der Sturz Neros durch einen Kometen angekündigt worden. Im achten Jahrhundert erklärte Beda: „Kometen sind böse Vorzeichen für Revolutionen von Königreichen, Pestilenz, Krieg, Stürme oder Hitze."[42] Thomas Aquinas schloß sich dieser Meinung Bedas an und gab sie weiter. Im Jahr 1456 erschien ein Komet zu einem kritischen Zeitpunkt, als die Türken nach Europa eindrangen.[43] Sie hatten damals gerade Konstantinopel erobert. Papst Calixtus III. ordnete, alarmiert durch den Anblick des Kometen, einige Tage des Gebets an, „um den Zorn Gottes abzuwenden, damit jegliches drohende Unheil von den Christen abgewendet und den Türken zugeleitet werden möge".[44] Die Einmischung des Papstes blieb erfolglos, und die Türken blieben in Konstantinopel. Hundert Jahre später dankte Karl V. angesichts der durch den Kometen von 1556 bewirkten Furcht ab. So kann man im ganzen Verlauf der Geschichte belegen, daß die Menschen einen Kometen als ein von Gott zu ernster Warnung in die sublunare Sphäre entsandtes Objekt angesehen haben.

Zur Zeit von Tychos Kometenbeobachtungen erreichte der Streit zwischen theologischen und naturwissenschaftlichen Meinungen über Kometen einen Höhepunkt. Jacob Heerbrand hielt an der Universität Tübingen eine Vorlesung über die moralische Bedeutung der Kometen. Er verglich „den Allmächtigen, der einen Kometen schickt, mit dem Richter, der bei einer Verhandlung das Henkerschwert zwischen sich und dem Verbrecher auf den Tisch legt."[45] Am denkwürdigsten kam dieser Konflikt wohl 1577 im Falle von Michael Maestlin, einem protestantischen Geistlichen, zum Ausdruck.[46] Dieser hatte exakte Beobachtungen des in diesem Jahr erschienenen großen Kometen angestellt; und seine Resultate, welche die Folgerungen Tychos voll bestätigten, führten zu seiner Ernennung als Professor der Astronomie in Heidelberg. Nun war Maestlin ein Copernicaner und fest überzeugt, daß seine Beobachtungen die supralunare Natur des Kometen als eines den Naturgesetzen gehorchenden Körpers bestätigt hatten. Dennoch vertrat er in seiner Veröffentlichung über das Ereignis den konventionellen theologischen Standpunkt. Immerhin begann die wissenschaftliche Beurteilung der Kometen sich im Gefolge der Beobachtungsreihen Tychos nach und nach, wenn auch nie vollständig, durchzusetzen. Noch während weiterer hundert Jahre mußten viele Astronomieprofessoren in Europa, wenn sie ihre Lehrstühle übernahmen, einen Eid darauf ablegen, nicht zu lehren, die Kometen wären Himmelskörper, die dem Gesetz der Natur unterlägen.

Tychos Beobachtungen der Supernova 1572 und danach seine Reihen von Kometenbeobachtungen trafen den lange aufrechterhaltenen aristotelischen Glauben an die Vollkommenheit des Himmels ins Herz. Es war ein direkter Angriff auf den alten Glauben an die göttliche Natur der Gebiete jenseits der Mondbahn. Tycho vertrat zwar selbst ein geozentrisches Weltbild; aber sein Werk trug wesentlich zu dessen Sturz bei. Dabei ist ein zweiter, durchaus unabhängiger Zug seines Werks die ununterbrochene Reihe exakter Planetenmessungen, die durch den Umstand, daß Tycho sich selbst von Hven verbannte, um die Wende zum siebzehnten Jahrhundert in die Hände von Johannes Kepler gerieten.

6. Keplers Gesetze der Planetenbewegung

Die Jahre des Übergangs von sechzehnten zum siebzehnten Jahrhundert bezeichnen eine Periode, in der erstmals in der Geschichte exakte Beobachtung und korrekte Theorien sich zu einer Kosmologie verbanden, bei der die Vorstellung einer fest ruhenden Erde nicht mehr zu halten war. Die einst von Thomas Aquinas so glänzend durchgeführte geistige Synthese war zunichte geworden. Ohne einen geschlossenen Block naturwissenschaftlichen Wissens, der an die Stelle der aristotelischen Physik hätte treten können, und ohne ein allgemeinverständliches, klares Weltbild liefen die Wege von Physik und Theologie auseinander. John Donne sagte dazu: „Alles in Stücken, jeder Zusammenhalt vergangen."[47]

In Tychos Werk lagen Theorie und Beobachtungen nahezu abgeschlossen vor. Eigenartigerweise entsprang seine Ablehnung des Copernicus gerade aus der Genauigkeit seiner Beobachtungen. Ohne Zweifel hätten seine intellektuellen Fähigkeiten ausgereicht, um durch wissenschaftliches Urteil seine ästhetischen Einwände gegen die heliozentrische Theorie zu überwinden, wenn er nicht aus seinem Mißlingen, eine meßbare Parallaxe für den Planeten Saturn zu bestimmen, einen falschen Schluß gezogen hätte. Wenn man bedenkt, daß noch weitere zweihundert Jahre vergehen mußten, bis man wenigstens einen ersten Begriff von den relativen Entfernungen bekam, die zwischen Sonne, Planeten und Sternen eine Rolle spielen, überrascht es kaum, daß Tycho nicht begreifen konnte, daß seine erfolglosen Versuche zur Bestimmung von Sternparallaxen keine *wissenschaftlichen* Argumente gegen die heliozentrische Theorie waren. Auf jeden Fall lieferten binnen weniger Jahre nach

Tychos Tode sowohl Theorie wie Beobachtung unantastbares wissenschaftliches Material zugunsten der copernicanischen Auffassung. Zu einem abrupten Aufgeben der geozentrischen Vorstellungen kam es, weil Theorie und Beobachtung gleichzeitig gemeinsam das entscheidende Beweismaterial lieferten. Rückschauend möchte man sogar meinen, daß jede für sich schon genügt haben würde, um die Kosmologie aus den Fesseln des geozentrischen Weltbildes zu befreien.

Das theoretische Problem wurde durch Johannes Kepler gelöst. Geboren 1571, scheint er die Ansichten des Copernicus nie bezweifelt zu haben, seit er in seinen Tübinger Studentenjahren zum ersten Mal von ihnen hörte. Nichtsdestoweniger ist der Umstand, daß er unter den Einfluß eines glühenden Anhängers der heliozentrischen Idee geriet, für die gewundenen intellektuellen Wege jener Epoche bezeichnend. Keplers Lehrer war Michael Maestlin, der in Tübingen durch Philipp Apian ausgebildet worden war. Maestlins Beobachtungen des Kometen von 1577, die die Tychonischen bestätigten, führten zu seiner Berufung als Professor der Astronomie in Heidelberg, von der schon im 5. Kapitel die Rede war. Maestlin war intellektuell nicht ehrenhaft. Er hüllte seine Beobachtungen, die den supralunaren Charakter der Kometen bewiesen, in die gegenteiligen alten kirchlichen Anschauungen. Dieser schmähliche Zug seiner Abhandlung rettete ihn in den Augen der Protestanten. Als Philipp Apian dann aus Tübingen ausgewiesen wurde, weil er sich weigerte, das lutherische Konkordienbuch zu unterschreiben, erhielt Maestlin dessen Tübinger Lehrstuhl.[48]

Ungeachtet seiner zur Schau getragenen protestantischen Orthodoxie war Maestlin ein ordentlicher Astronom, Anhänger des Copernicus und guter Kometenbeobachter. Diese seine Beobachtungen untergruben die grundsätzliche Annahme der aristotelischen Astronomie von der göttlichen und unwandelbaren Natur der Himmelssphäre. Man kann verstehen, daß der junge Kepler während seiner Studentenzeit von copernicanischen Ideen und antiaristotelischer Physik erfüllt wurde. Trotzdem wählte er weder Astronomie noch Mathematik als Beruf. Im Jahre 1593, im Alter von zweiundzwanzig Jahren, studierte Kepler noch an der theologischen Fakultät in Tübingen, als man ihm eine Stellung als Lehrer der Mathematik und Astronomie an der Universität Graz anbot. Er nahm, wenn auch wohl widerstrebend und mit einigen Bedenken, an und erschien im April 1594 in Graz, um seine neuen Pflichten wahrzunehmen. Seine Vorlesungen sind wohl nicht besonders glänzend gewesen; denn es kamen nur wenige Studenten, deren Zahl zu Ende des ersten Jahres auf Null sank. Kepler glaubte, diesen Posten nicht behalten zu können und beschwor Maestlin, für ihn ein andere Position zu finden. Den Direktoren der Grazer Hochschule ist es als bleibendes Verdienst anzurechnen, daß sie die Bedeutung Keplers erkannten und würdigten. Sie ließen ihn zusätzliche Vorlesungen über klassische Themen halten in der Erwartung, daß sein mathematischer Genius doch noch Anerkennung finden würde. Und wirklich – zwei Jahre nach seiner Ankunft in Graz veröffentlichte Kepler das erste seiner bedeutenden Bücher, das *Mysterium cosmographicum.*[49]

In einem Vorwort zu diesem Buch beschreibt Kepler, wie er am 9. Juli 1595, als er für seine kleine Klasse Figuren auf die Wandtafel zeichnete, plötzlich von der Idee gepackt wurde, das Weltall müsse um symmetrische Figuren herum aufgebaut sein. Das waren die fünf regelmäßigen Körper: Würfel, Tetraeder, Dodekaeder, Ikosaeder und Oktaeder, die alle die Eigentümlichkeit besitzen, daß alle Flächen jeweils gleich sind und aus gleichseitigen Figuren konstruiert werden können. Diese einzigartige Eigenschaft der regelmäßigen Körper war seit dem Altertum bekannt, aber Kepler hatte die Vision ihrer möglichen Beziehung zu den Planeten. Wenn die Sphäre des Saturns den Würfel umschloß, die Jupitersphäre in ihr untergebracht wäre, weiter darin das Tetraeder und die Sphäre des Mars im Tetraeder und so weiter, dann, so behauptete Kepler, würden die relativen Ausmaße der Sphären genau zur Theorie des Copernicus passen. Kepler glaubte so stark an die Harmonie der Welt, daß er das Mysterium des Universums gelöst zu haben meinte. Es gibt nur fünf vollkommene Körper; daß diese die fünf Intervalle zwischen den Planeten bestimmen sollten, hielt Kepler für eine göttliche Einrichtung. Außerdem sah er darin einen Umstand, der seinen Glauben an die heliozentrische Natur des Universums bestätigte und betonte.

Mit dem Schema des *Mysterium cosmographicum* folgte Kepler einer falschen Spur, aber sie führte ihn schließlich zu seinen drei Gesetzen der Planetenbewegung. Wenn auch die visionäre Übertragung der Vollkommenheit der fünf regulären Körper auf das Planetensystem, wie er sie in seinem Frühwerk darstellte, keine Hoffnung auf künftige Entwicklung bot, so erhellte doch die geometrische Konstruktion sofort einen Fehler in Copernicus' mathematischem System. Darin war nämlich ein Irrtum des ptolemäischen Universums beibehalten worden, nämlich, daß sich die *Ebenen* aller Planetenbahnen im Zentrum der Erde schneiden sollten. Keplers erste geometrische Konstruktion, wie sie im *Mysterium cosmographicum* dargestellt ist, führt unmittelbar zu dem Gedanken, daß, wenn die Sonne anstatt der Erde das System zentral beherrscht, die Ebenen aller Planetenbahnen sich im Zentrum der Sonne schneiden müssen. In dieser überaus wichtigen Rationalisierung des copernicanischen Schemas wurden ohne weiteres die Abweichungen der Planetenbahnen von der Ekliptik nach Norden und Süden verständlich. Kepler bestand weiterhin darauf, daß alle Planetenbahnen mit der Sonne als sowohl physischem wie mathematischem Zentrum des Systems berechnet werden müßten; damit beseitigte er die Schwierigkeit der scheinbar sich ändernden Exzentrizitäten bei Merkur und Venus. Dies war eine künstliche Schwierigkeit, die Copernicus eingeführt hatte, weil er die Exzentrizitäten der Planetenbahnen vom Mittelpunkt der Erdbahn anstatt von dem der Sonne aus berechnet hatte. Deshalb mußte er mehr kleine Epizykeln einführen, um mit dieser Anomalie fertig zu werden. Aber Kepler bewies, daß dies Problem verschwand, wenn die Sonne als Bezugspunkt sowohl für die Planeten wie auch für die Erde genommen wurde.

Durch eine Reihe von Schritten dieser Art veränderte Kepler allmählich die mathematische Behandlung des copernicanischen Systems. Schließlich führte das ernste Problem der Marsbahn zusammen mit Tychos genauen Messungen dieses Planeten Kepler zu einem überaus leistungsfähigen Begriffsschema, worin der antike Glaube an die göttliche Vollkommenheit des Kreises aufgegeben werden mußte. Wegen der Nähe des Mars zur Erde und seiner verhältnismäßig großen Bahnexzentrizität waren bis dahin alle Versuche gescheitert, seine wechselhafte Position in den Griff zu bekommen. Das war der schwächste Punkt der ptolemäischen Theorie; und auch das copernicanische Schema brachte keine wesentlichen Verbesserungen gegenüber den vom geozentrischen System gelieferten Daten. Tycho quälte sich lange mit dem Problem ab, konnte aber seine Messungen mit gar keinem Schema für Planetenbahnen in Übereinstimmung bringen. Dadurch, daß Kepler Tychos Messungen, die auf vier Bogenminuten genau waren, erbte,[50] erhielt er den Schlüssel, welcher ihn schließlich zu den revolutionären Gedanken führte, die in seinen ersten beiden Gesetzen der Planetenbewegung stecken. Heute, wo die Bahnen von Planeten und Raumsonden durch Hochgeschwindigkeitscomputer berechnet werden, kann man die ungeheure Leistung, die Kepler vollbracht hat, nur überwältigt bestaunen – eine langwierige mathematische Anstrengung, die ihn zehn Jahre lang beschäftigte. Kepler versuchte endlose Kombinationen von Kreisbewegungen für die Bahn des Mars und die der Erde, von der aus die Beobachtungen gemacht wurden.

Viele Lösungen, die Kepler verwarf, waren für ältere Beobachtungen gut genug, aber sie versagten bei den neuen Messungen Tychos.

Schließlich war Kepler zu der Folgerung genötigt, daß kein System und keine Kombination von Kreisbewegungen die Marsbahn darstellen konnte, sondern daß eine andere geometrische Figur im Spiele sein müßte. Seine glänzende Leistung lag nicht nur in der Erkenntnis, daß die Bahnen elliptisch sein mußten (damit allein wurde das Problem noch nicht gelöst), sondern auch darin, daß die Geschwindigkeit, mit der die Planeten sich auf ihren Ellipsen bewegten, durch ein einfaches Gesetz bestimmt wurde. Dreizehn Jahre nach dem Erscheinen des *Mysterium cosmographicum*, 1609, gab Kepler seine Resultate für die Marsbewegung in *Astronomia nova* bekannt.[51] Dieses große, in Prag veröffentlichte Werk verkündete die ersten beiden Keplerschen Gesetze: 1. Die Planeten bewegen sich in elliptischen Bahnen, wobei die Sonne in einem der Brennpunkte der Ellipse steht. 2. Die Bahngeschwindigkeit des Planeten ändert sich so, daß die Verbindungslinie vom Planeten zur Sonne in gleichen Zeitintervallen gleiche Flächensektoren der Ellipse überstreicht. – Die Ersetzung von Kreisen durch Ellipsen beseitigte in Verbindung mit dem einfachen Bewegungsgesetz mit einem Schlag alle Unklarheiten der heliozentrischen Theorie, ohne daß Äquanten, Epizykel, Deferenten oder andere geometrische Konstruktionen nötig waren. Außerdem lieferte sie erstmals in der Geschichte Vorhersagen, die von den Beobachtungen bestätigt wurden. Das auf der heliozentrischen Hypothese von Copernicus beruhende Schema Keplers war so elegant, daß kein vernünftiger Astronom oder Mathematiker künftig noch mathematische oder wissenschaftliche Gründe finden konnte, das geozentrische Modell vorzuziehen.

Keplers Werk war aber noch nicht beendet. Im Jahre 1619 verkündete er sein drittes Gesetz der Planetenbewegung in der *Weltharmonik*.[52] Während die ersten zwei Gesetze von den Bahnen individueller Planeten handelten, definierte das dritte den Zusammenhang des ganzen Planetensystems, indem es die Geschwindigkeiten der Planeten in ihren verschiedenen Bahnen miteinander in Beziehung setzte. Wenn man die Umlaufzeiten für zwei Planeten je mit T_1 und T_2 bezeichnet und ihre mittleren Entfernungen von der Sonne entsprechend mit R_1 und R_2, dann fand Kepler heraus, daß das Verhältnis der Quadratzahlen der Bahnperioden den Kubikzahlen der mittleren Sonnenentfernungen proportional ist:

$$\left(\frac{T_1}{T_2}\right)^2 \propto \left(\frac{R_1}{R_2}\right)^3.$$

Heute mag man sich darüber wundern, daß Keplers fast mystischer Glaube an die Harmonien des Himmels zu solch revolutionären Erkenntnissen führen konnte. Freilich erarbeitete er sich noch viele andere mathematische Beziehungen, die später als überflüssig oder ungenau verworfen wurden. Zum Beispiel entwickelte er die Vorstellung, daß die größten und kleinsten Bahngeschwindigkeiten der Planeten entsprechenden musikalischen Intervallen zugeordnet wären. Das historische Werk Keplers gründete sich auf zwei leidenschaftlich vertretene Glaubenssätze: erstens der, daß die heliozentrische Hypothese richtig sein mußte, und zweitens, daß Gott das Weltall in Übereinstimmung mit göttlichen harmonischen Proportionen konstruiert hätte. Als man ihn beschuldigte, „er bringe das Reich Christi mit seinen absurden Phantastereien durcheinander“, erklärte Kepler voll religiöser Begeisterung: „Ich denke die Gedanken Gottes.“[53]

7. Galilei

Galileo Galilei, geboren 1564 in Pisa, war ein Zeitgenosse Keplers. Merkwürdigerweise scheint zwischen beiden bis 1597 kein Kontakt bestanden zu haben. Damals schickte Kepler an Galilei Exemplare seines kürzlich erschienenen *Mysterium cosmographicum.* In seinem Dankschreiben für das Geschenk sagte Galilei:

„... Bisher habe ich bloß das Vorwort Eures Werks durchgelesen, aber schon aus diesem einige Kenntnis Euerer Absicht gewonnen, und ich wünsche mir fürwahr Glück, einen Kameraden bei der Untersuchung der Wahrheit zu haben, der ein Freund der Wahrheit ist ... als ich mir die Lehre des Kopernikus vor vielen Jahren zu eigen machte und sein Standpunkt es mir ermöglichte, viele Naturerscheinungen zu erklären, die nach den landläufigeren Hypothesen gewiß unerklärlich blieben. Ich schrieb viele Beweisgründe, um ihm beizustehen und den gegenteiligen Standpunkt zu verwerfen – die ich indessen bis jetzt noch nicht an das Licht der Öffentlichkeit zu bringen wagte, da mich das Schicksal des Kopernikus, unseres Lehrers, schreckte, der, obgleich er bei einigen unsterblichen Ruhm erlangte, den unendlich vielen (denn so groß ist die Zahl der Toren) ein Gegenstand des Spotts und Hohns ist...“[54]

Galilei sollte noch viel mehr Spott und Hohn erleiden, als die katholische Kirche auf die sich mehrenden und unanfechtbaren Beweisgründe aufmerksam wurde, die er für die copernicanische Hypothese vorbrachte und wodurch die Irrtümer der aristotelischen Physik entlarvt wurden. Galileis Ideen waren von Grund auf revolutionär; nicht nur wegen ihrer Neuheit oder deshalb, weil die Richtigkeit seiner Ideen durch Beobachtungen demonstriert wurde. Zu Schwierigkeiten kam es vielmehr wegen ihres Widerspruchs sowohl gegen den Wirklichkeitssinn wie auch gegen die theologische Lehre. Der Wirklichkeitssinn des „gesunden Menschenverstandes" sagt uns, daß wir uns auf einer ruhenden Erde befinden und daß Tage und Jahreszeiten durch die Bewegung der Sonne bewirkt werden. Wenn wir morgens aufwachen, denken wir nicht, daß die Sonne deswegen aufsteigt, weil wir uns auf einer Erde befinden, die uns mit einer Geschwindigkeit von 1680 Kilometern in der Stunde (am Äquator) herumwirbelt. Noch denken wir, wenn es Sommer wird, daran, daß die Sonne dann ihren höchsten Stand am Himmel erreicht, weil wir mit einer Geschwindigkeit von (durchschnittlich) knapp 30 Kilometern in der Sekunde in einer bestimmten Bahn und unter einem bestimmten Neigungswinkel um sie herum rasen.

Das alte, durch die Physik und Astronomie von Aristoteles und Ptolemaios geformte Weltbild hielt sich mehr als ein Jahrtausend lang, weil es prägnant und als eine Sache der alltäglichen Erfahrung leicht zu begreifen war. Die Sternsphäre trug die Sterne in ihrer täglichen Bewegung und war auch die Antriebskraft für die Planeten. Sie legte die Grenzen des endlichen Universums fest, und ihr Mittelpunkt war das absolute Zentrum des Raumes – eine Position, welche die ruhende Erde innehatte. Ein Stein fiel, wenn man ihn aus der Hand losließ, zu Boden, weil er nach dem Erdmittelpunkt strebte, *deshalb weil* dort das Zentrum der Welt war. Innerhalb dieses elementaren Rahmens fand die ziemlich komplizierte Bewegung der Planeten eine vernünftige Erklärung im ptolemäischen Schema von Deferenten und Epizykeln.

Wie ungeheuer stark der Glaube an die ruhende Erde war, zeigt seine Beständigkeit während zweitausend Jahren, in deren Verlauf viele echte astronomische Fortschritte erzielt wurden. Da war zum Beispiel die Entdeckung der Präzession der Tag- und Nachtgleichen durch Hipparch im zweiten Jahrhundert v. Chr. und die geistvolle Methode zur Entfernungsbestimmung von Sonne und Mond, die Aristarch erdachte. Der Übergang vom geozentrischen zum heliozentrischen Weltbild hätte im Zeichen von Keplers Ableitung der Bewegungsgesetze der Planeten unausweichlich sein müssen. Aber ein sanfter Übergang auf theoretischer Grundlage, in dessen Verlauf man die Astronomen höchstens ausgelacht haben würde, wurde durch Galilei plötzlich zu einem Konflikt von Beobachtung und Lehre, der große Schärfe gewann.

Der Übergang vom geozentrischen zum heliozentrischen Weltbild erreichte seinen Höhepunkt im Jahre 1609, als Galilei zum ersten Mal den Himmel durch sein kleines Fernrohr betrachtete.[55] In seinem im März 1610 erschienenen *Sidereus Nuncius* beschrieb Galilei einige seiner Beobachtungen. Heute, wo es oft vorkommt, daß astronomische Entdeckungen Schlagzeilen machen, kann man sich nur schwer vorstellen, daß es erst 350 Jahre her ist, daß Galilei die erste wirklich neue Art qualitativer Daten seit der Antike für die Himmelskunde geliefert hat. Die dem bloßen Auge überlegene Lichtstärke und Auflösung seines kleinen Fernrohrs offenbarten fünf neue Eigenschaften des Universums, die für die antike Naturwissenschaft von verheerender Bedeutung waren. Er sah die Sonnenflecke und ihre Bewegung über die Sonnenscheibe, die Gebirge und Täler des Mondes, zahllose neue Sterne in der Milchstraße, die Monde des Jupiter und die Phasen der Venus. Diese beiden zuletzt genannten Beobachtungen lieferten ein überaus starkes Argument zugunsten des heliozentrischen Weltbildes. Die Entdeckung der vier großen Jupitermonde und deren von Nacht zu Nacht wechselnde Positionen konnten nur eine einzige Erklärung haben: sie bewegten sich in kurzperiodischen Bahnen um den Planeten. Hier fand sich im Weltraum ein Gegenstück zum Sonnensystem, das die Vorstellungskraft im siebzehnten Jahrhundert ungemein beflügelte. Die Venusphasen lieferten noch mehr ausschlaggebendes Beweismaterial. In einem epizyklischen Universum hätte man von der Erde aus die Venus nur als Sichel sehen können. Natürlich waren niemals zuvor solche Beobachtungen gemacht, weil der Planet dem unbewaffneten Auge immer nur punktförmig erscheint. Der vollständige Zyklus der Phasen, die Galilei in seinem Teleskop sehen konnte, war wohl der schlüssigste Beweis dafür, daß die Venus in einer Bahn mit der Sonne als Zentrum läuft.

Es ist eine denkwürdige historische Tatsache, daß sich in den hundert Jahren nach 1540 die Lebenszeiten von Copernicus, Tycho Brahe, Kepler und Galilei überschnitten haben. Denkwürdig insofern, als es einer großen geballten Kraft bedurfte, die geozentrische Lehre zu überwinden. Die theoretische Lösung der heliozentrischen Vorstellung durch Kepler und die gleichzeitig von Galilei auf Grund von Beobachtungen gelieferten Argumente schufen unmittelbar ein System, in dem die geozentrische Doktrin unmöglich weiter existieren konnte.

Das dynamische System Galileis

Man nimmt weithin an, daß der Kampf gegen Galilei nur seinen Ansichten über die Bewegung der Erde galt; er hatte aber tiefere Gründe. Mit dem Problem der sich bewegenden Erde war man schon ein halbes Jahrhundert früher konfrontiert worden; und die ersten beiden Keplerschen Gesetze der Planetenbewegung waren gefunden, bevor Galilei über seine teleskopischen Beobachtungen berichtet hatte. Unabhängig von Galilei gab es die Bewegung der Planeten nicht nur als Hypothese, sondern schon als korrekte Theorie. Zur Zeit seiner Beobachtungen hatte Galilei schon seit achtzehn Jahren an der Universität Padua Vorlesungen gehalten und einen Ruf als glänzender Redner gewonnen. Seine Demonstrationen mit dem Fernrohr riefen offenbar ungeheure Begeisterung hervor. Für Leute, die mit den Vorstellungen von Copernicus und Kepler vertraut waren, bedurfte es kaum der Bestätigung durch das Teleskop. Andererseits konnten jetzt aber solche, die wenig von Astronomie verstanden, sich durch den Augenschein davon überzeugen, daß das Universum nicht ihren naiven Meinungen entsprach. Ich habe selbst versucht, mir vorzustellen, wie ein erster Blick durch ein Galileisches Fernrohr damals gewirkt haben mag; und ich finde es schwierig, sich eine so tiefgehende intellektuelle Erfahrung vorzustellen. Vielleicht ist sie vergleichbar dem ersten Blick auf die Erde aus dem freien Weltraum, wenn man unseren Planeten schließlich als eine frei schwebende Kugel sieht. Auf jeden Fall wurde das Fernrohr fast ein modisches Spielzeug; und Galileis Ruhm wuchs so weit, daß er eine Gehaltserhöhung bekam und 1611 von Papst Paul V. ehrenvoll empfangen wurde.

Seine Drangsale lagen noch in der Zukunft. Er hatte die aristotelische Lehre auf breiter Front erschüttert. Das kommt nirgends klarer zum Ausdruck als in seiner Arbeit über die Dynamik bewegter Körper. Galilei hat die wissenschaftliche Disziplin der Dynamik überhaupt erst geschaffen. Man denke sich ein Projektil, einen vom Bogen geschnellten Pfeil, einen mit der Hand geworfenen Stein oder ein von der Kanone abgefeuertes Geschoß: ihnen allen ist ein einmaliger Impuls erteilt worden. Wir wissen natürlich, daß sich das Projektil auf einer Parabel bewegt, ehe es in einiger Entfernung zu Boden fällt. Das kann die aristotelische Physik nicht erklären, weil sie behauptet, das Geschoß müsse entweder im Ruhezustand beharren oder geradlinig dem Erdmittelpunkt zustreben, sofern es nicht durch einen äußeren Schub bewegt wird.

Natürlich war auch Aristoteles klar, daß sich Geschosse, wenn ihr Kontakt mit dem ursprünglichen Schleuderer abgebrochen ist, nicht geradlinig zum Erdmittelpunkt hin bewegen. Deshalb wollte er die Bewegung in der Horizontalen irgendwie auf die gestörte Luft zurückführen, welche die Quelle des die Flugbahn verlängernden Schubs sei. Nach Erschöpfung dieser Bewegungsursache müsse das Geschoß jäh zu Boden stürzen. Mittelalterliche Kommentatoren der aristotelischen Physik hatten diese Erklärung schon angezweifelt, aber Galilei sprach als erster die Unabhängigkeit der vertikalen und horizontalen Bewegungen aus. Danach setzt sich die Flugbahn des Projektils aus zwei durchaus getrennten Effekten zusammen. Galilei zeigte, daß sich das Geschoß, wenn man vom Luftwiderstand absieht, mit konstanter horizontaler Geschwindigkeit bewegen würde, und daß der vertikale Fall unabhängig hinzukommt mit einer Geschwindigkeit, die nach dem für fallende Körper geltenden Gesetz zunimmt. Galilei setzte diese beiden Geschwindigkeiten zusammen und zeigte, daß auf diese Weise die Flugbahn des geschleuderten Körpers eine Parabel sein und die Reichweite in der horizontalen Ebene bei einem Elevationswinkel von 45 Grad am größten sein würde.

Diese Konzeption Galileis, daß jeder Körper sich ständig geradlinig vorwärts bewegt mit konstanter Geschwindigkeit, sofern er nicht irgendeiner äußeren Kraft ausgesetzt ist, kam schließlich als Trägheitsprinzip im ersten Gesetz Newtons zum Ausdruck. Galileis Erkenntnis der Beziehung zwischen Änderung der Bewegung und einwirkender Kraft wurde in Newtons zweitem Gesetz quantitativ formuliert. Dieses dynamische Prinzip widerlegte einen wesentlichen Einwand gegen die heliozentrische Hypothese. Die Gegner meinten nämlich, falls die Erde rotiere, so dürfe ein von der Hand oder einem hohen Turm fallengelassener Stein nicht senkrecht herunterkommen, sondern nach Westen versetzt, weil die Erde sich während des Falls gedreht habe. Das stand im Gegensatz zur Erfahrung. Aber die von Galilei verkündete Zusammensetzung unabhängiger Bewegungen lieferte eine einfache Erklärung dafür, da der Stein die Geschwindigkeit der Erdrotation beibehält, wenn er sie vorher gehabt hatte, ehe er losgelassen wurde.

Zwar war Galilei streng in den Traditionen der Scholastik und des Aristotelismus erzogen worden; aber schon im Alter von einundzwanzig Jahren hatte er mit einer systematischen Untersuchung der mechanischen Lehren des Aristoteles begonnen. Im Jahre 1590, fast zwanzig Jahre vor seinen ersten astronomischen Beobachtungen mit dem Fernrohr, hatte er umfangreiche Aufzeichnungen über Versuche mit fallenden Körpern angesammelt. Nach der aristotelischen Physik fallen schwere Körper rascher als leichte. Dies galt zweitausend Jahre lang als eine streng mit der Beobachtung übereinstimmende Regel. Auch wir stellen immer wieder fest, daß ein Stein den Meeresspiegel viel früher erreicht als eine Feder, wenn wir beide gleichzeitig von einer überhängenden Klippe herunterfallen lassen. Es muß Galilei als eine ganz besondere Leistung angerechnet werden, daß er die Oberflächlichkeit dieser Beobachtung durchschaut hat. Seine eigenen Aufzeichnungen über frei fallende Körper, zusammen mit einer Folge logischer Argumente, überzeugten ihn, daß ungeachtet der Natur des fallenden Körpers – sei es ein Bleiklotz oder eine Vogelfeder – die Beschleunigung dieselbe sein mußte und daß jegliche beobachteten Unterschiede durch den unterschiedlichen Effekt des Luftwiderstandes entstehen. Obwohl Galileis Name für immer mit der Demonstration vom schiefen Turm in Pisa 1591 verbunden ist, läßt sich nicht beweisen, daß er dies Experiment ausführte. Es wäre jedenfalls für einen Widersacher viel leichter gewesen, Körper ungleichen Gewichts vom Turm fallen zu lassen und damit zu beweisen, daß der schwerere eher den Boden erreichte, womit die aristotelische Ansicht erhärtet würde. Sofern man nicht in der Lage ist, ein wenigstens partielles Vakuum zu erzeugen, ist es schwierig zu beweisen, daß das Gesetz Galileis zutrifft. Galilei argumentierte, daß in einem Vakuum, wo der Luftwiderstand nicht wirken kann, sein

Gesetz sich als richtig erweisen würde. Als es dann seinem Schüler Torricelli nach Galileis Tode gelang, ein Vakuum herzustellen, wurde die direkte Demonstration des Gesetzes frei fallender Körper möglich. Wir sollten bedenken, daß nicht nur die Verkündung des Gesetzes, wonach frei fallende Körper die gleiche Beschleunigung erfahren, sondern auch die stillschweigende Voraussetzung der Existenz eines Vakuums der aristotelischen Lehre und der alltäglichen Erfahrung widersprachen.

Das Ausmaß der wissenschaftlichen Leistung Galileis ist ungeheuer. Schon 1583, als er neunzehn Jahre alt war, bemerkte er, daß der große, von der Decke der Kathedrale in Pisa herabhängende Leuchter für eine Schwingung von der einen Seite zur anderen immer die gleiche Zeit brauchte, unabhängig von den Weite der Schwingung. Das führte ihn alsbald zu der wichtigen Entdeckung des isochronen Charakters des Pendels. Viele meinen, daß seine Arbeiten zur Dynamik fallender Körper und Projektile seine astronomischen Studien noch überragen dürften. Den größten Teil seiner wissenschaftlichen Leistungen vollbrachte Galilei vor seiner Ernennung zum Professor an der Universität Padua im Alter von achtundzwanzig Jahren; aber manchmal hat er sich auch geirrt. Zum Beispiel waren seine Ansichten über die Ursache der Gezeiten[56] und über die Kometen falsch. Hinsichtlich der Kometen scheint seine Haltung durch Streit mit einem Jesuiten, Pater Grassi, bestimmt gewesen zu sein, der die richtige Ansicht ausgesprochen hatte, daß sich nämlich Kometen in Bahnen bewegen, wie die Planeten. Galilei behauptete weiterhin, Kometen seien keine realen Objekte, sondern optische Täuschungen. Er entwickelte auch eine falsche Theorie über die Biegung von Balken bei Belastung. Aber seine dynamischen und astronomischen Ideen waren richtig, und diese entscheidenden Folgerungen zerschmetterten die Fundamente der festgefahrenen aristotelischen Lehren über die Welt.

Das intellektuelle Dilemma

In gewisser Weise ist es erstaunlich, daß Galileis Arbeiten zur Dynamik und Astronomie die intellektuelle und theologische Haltung der Welt des siebzehnten Jahrhunderts so umwälzend beeinflußt haben. Es war nicht das erste Mal, daß die Gültigkeit der aristotelischen Physik in Frage gestellt wurde. In seiner Untersuchung über die Copernicanische Revolution hat Thomas Kuhn[57] die verblüffende Ähnlichkeit der von Galilei in seinem *Dialog über die zwei Weltsysteme* benutzten Argumente mit denen herausgestellt, die Nikolaus Oresme im vierzehnten Jahrhundert vorbrachte. Oresmes Lehrer, Johannes Buridan, hatte schon Aristoteles' Argumente über die Bewegung von Geschossen widerlegt und die gegenteilige Ansicht vertreten, daß „die Bewegung des Steins ständig langsamer wird, bis der Schwung *(impetus)* so gemindert oder verdorben ist, daß die Schwere des Steins darüber die Oberhand gewinnt und den Stein zu seinem natürlichen Ort hinab bewegt." Diese Auffassung hat Galilei dreihundert Jahre später in mehr mathematischer Weise auch vertreten. Was die Bewegung der Erde angeht, so hatte Copernicus zwar unter bösen Bemerkungen seitens der Protestanten zu leiden; aber weder er noch Kepler bewirkte einen solchen Bruch wie Galilei, obwohl ihre Arbeiten eindeutig die heliozentrische Auffassung unabhängig von Galileis Beobachtungen einführten.

Die starke Wirkung Galileis war durch drei weitere Züge ausgezeichnet. Zunächst – während Oresme behauptete, daß kein Argument die Möglichkeit der Erdbewegung widerlegen könne, daß aber die Wahl zwischen einer festen oder einer rotierenden Erde eine Sache des Glaubens sein müsse – ließ Galilei keine solche Wahl offen. Die Leute konnten sich selbst durch Augenschein überzeugen, besonders bei den Phasen der Venus und dem offenkundigen Parallelismus mit den Monden des Jupiters. Zweitens – Galilei griff das aristotelische Dogma in seiner Gesamtheit an; ferner – seine Dynamik ließ eine in sich schlüssige Deutung des ganzen Sonnensystems zu. Aber der wohl wichtigste Punkt ist, daß Galilei in der Öffentlichkeit weithin berühmt geworden war. Sogar schon vor seinen teleskopischen Entdeckungen verfügte er über immense Massen von Hörern. Während seiner achtzehn Jahre in Padua war er so erfolgreich, daß sein Gehalt nach und nach von 180 auf 1000 Gulden erhöht wurde. Seine Vorlesungen zogen höchst angesehene Leute aus ganz Europa an; und schließlich mußten seine Vorlesungen an der Universität in einen Saal verlegt werden, der 2000 Personen faßte. Es ist fraglich, ob vor dem Aufkommen von Rundfunk und Fernsehen in unserem Jahrhundert jemals ein akademischer Lehrer eine so anhaltend große Hörerschaft gehabt hat. Galilei war schon lange vor seinen Beobachtungen mit dem Fernrohr eine berühmte Persönlichkeit, und – diesem Ruhm fügte er 1610 noch seine sensationellen Entdeckungen mit dem Fernrohr hinzu. Plötzlich schien sich alles gemeinsam gegen die Aristoteliker zu verschwören. Wissenschaftler – nicht nur Astronomen – waren in zunehmendem Maße gezwungen, die Fehler der aristotelischen Dialektik zuzugeben, und ein breiteres Publikum als je zuvor in der Geschichte Europas begann sich für die Himmelskunde zu interessieren; und das zu einer Zeit, da die mechanische Natur des Universums anscheinend jedem vor Augen geführt werden konnte, dem das einen Blick zum Himmel durch ein kleines Fernrohr wert war.

Das theologische Dilemma

Die Wiederentdeckung der Werke des Aristoteles im zwölften und dreizehnten Jahrhundert war für den Aufschwung der Gelehrsamkeit in jener Epoche von kritischer Bedeutung. Die neuen Universitäten waren wie die damals aufkommenden neuen geistlichen Orden wesentlich mit theologischen Problemen beschäftigt, und das aristotelische Weltbild war mit vielem in der überkommenen Gelehrsamkeit nicht in Einklang zu bringen. Die Lösung dieser Konflikte verdankt die mittelalterliche Welt dem Genius des Thomas Aquinas.[58]

Die Probleme, mit denen sich die Welt des sechzehnten Jahrhunderts konfrontiert sah, als Galilei seinen Angriff auf die gesamte aristotelische Physik und Astronomie begann, ergaben sich im Grunde aus der tiefen Verträglichkeit, die Thomas Aquinas zwischen Naturwissenschaft und Theologie hergestellt hatte. Es war eine so vollkommene Integration, daß jeder Angriff auf die Wissenschaft des Aristoteles als ein Angriff auf das Dogma der katholischen Kirche erscheinen mußte. In den vorausgegangenen Jahrhunderten waren schon genug Warnungen laut geworden, mit welcher Reaktion derjenige zu rechnen hatte, der die aristotelische Wissenschaft kritisierte. Besonders empfindlich war das religiöse Dogma gegenüber Andeutungen, daß die Erde nicht inmitten der Planeten und Sterne fixiert sei, oder daß das Weltall nicht in Zeit und Raum endlich sei, oder daß die Himmelskörper in ihren Bewegungen wie ihrer Gestalt nicht die Vollkommenheit des Kreises und der Kugel aufwiesen. Im fünfzehnten Jahrhundert hatte Nikolaus von Kues den Gedanken entwickelt, daß das Universum eine unendliche Sphäre sei; aber er war sehr bestrebt zu betonen, daß er nur deshalb diese Meinung verfocht, weil keine kleinere Sphäre mit der schöpferischen Allmacht Gottes verträglich sei. Als aber Giordano Bruno 1584 die Ansichten des Kusaners im Lichte der copernicanischen Hypothese interpretierte und behauptete, Sonne, Erde und Planeten müßten nicht der Mittelpunkt eines unendlichen Universums sein und wären vielleicht nicht einmal einzigartig, mußte er als Ketzer oder Heide gelten, wurde von der Inquisition eingekerkert und schließlich im Jahre 1600 auf dem Scheiterhaufen verbrannt. Nun aber enthüllte Galileis Fernrohr die anscheinend unendliche Ausdehnung des Sternenreichs, zeigte, daß die Erde nicht ruht, daß die Bewegungen der Himmelskörper nicht kreisförmig und sie selbst nicht vollkommen sind; die Sonne hatte Flecken, und der Mond war von Gebirgen und Tältern entstellt.

Der Bruch

Zu Beginn des zweiten Jahrzehnts des siebzehnten Jahrhunderts sehen wir einen absoluten Konflikt mit dem herrschenden Dogma. Die strittigen Punkte waren nicht mehr auf gelehrte Diskussionen unter Wissenschaftlern auf der Basis hypothetischer Alternativen beschränkt; vielmehr wurde die übermächtige Autorität der katholischen Kirche insgesamt in Frage gestellt. Unvermeidlicherweise mußten entweder Galilei und die neue Wissenschaft und Astronomie verteufelt und unterdrückt werden, oder ein neues Verständnis der Bibel müßte nach dem vier Jahrhunderte zurückliegenden Vorbilde des Thomas Aquinas die neuen Vorstellungen mit einschließen.

So wurde Galilei angezeigt, und 1616 wurde verboten, die heliozentrische Doktrin zu lehren. In einem berüchtigten Prozeß verurteilte das Heilige Officium Galilei zu Gefängnis und befahl ihm den Widerruf. Dieses geschah, aber die Gründe der Vorgänge sind unklar. Die katholische Kirche hatte hinsichtlich der heliozentrischen Hypothese beachtliche Klugheit gezeigt: *De revolutionibus* war frei erhältlich, und die Prinzipien des Werks wurden in einigen bedeutenden katholischen Universitäten gelehrt. Die Kalenderreform durch Papst Gregor XIII. von 1582 benutzte Daten, die auf dem copernicanischen System beruhten, und es war keine Rede davon gewesen, daß die Kirche Konformität in Fragen der Kosmologie verlangen müßte. Selbst der betagte führende Theologe der Kirche, Kardinal Bellarmin, verschloß sich den neuen Ideen nicht. Pater Foscarini, ein Karmelitermönch von ausgezeichnetem Ruf, sandte 1615 an Bellarmin ein Dokument, worin er vorschlug, die heliozentrische Lehre als physikalische Realität anzuerkennen. Weiter schlug er darin Maßnahmen vor, durch welche die relevanten Bibelstellen damit in Einklang gebracht werden könnten. Bellarmins lange Antwort an Foscarini vom 12. April 1615 ist ein aufschlußreiches Dokument. Er erinnert Foscarini daran, daß der Mann, der schrieb: „Ein Geschlecht vergeht, das andere kommt; die Erde bleibt aber ewiglich. Die Sonne geht auf und geht unter und läuft an ihren Ort, daß sie wieder daselbst aufgehe“, Salomo war (Prediger Salomonis, *1,4/5*), der durch göttliche Eingebung sprach und all seine Weisheit von Gott selbst bekommen hatte. Trotzdem schreibt Bellarmin: „Falls es einen wirklichen Beweis dafür gäbe, daß die Sonne sich im Zentrum des Universums befindet, die Erde im dritten Himmel ist und die Sonne nicht rund um die Erde geht, sondern die Erde rund um die Sonne, dann müßten wir mit großer Umsicht vorgehen bei der Erklärung von Schriftstellen, welche das Gegenteil zu lehren scheinen. Eher müßten wir dann zugeben, daß wir sie nicht verstehen, als daß wir eine Meinung für falsch erklären, deren Wahrheit bewiesen ist.“[59]

Aber nach wenigen Monaten wurde der ganze Apparat der Inquisition auf Galilei und die heliozentrische Lehre losgelassen. Wissenschaftler des zwanzigsten Jahrhunderts, die Zugang zu den Archiven jener Zeit erhalten haben, können immer noch nicht verstehen, wieso es zu dem Konflikt kommen konnte. Eine starke Partei kirchlicher Intellektueller war auf Galileis Seite, und Bellarmin war sicher nicht unbeugsam. Santillana kommt zu dem Schluß: „Die Tragödie war das Ergebnis einer Intrige, der die Hierarchien letztlich nicht weniger zum Opfer fielen als Galilei, einer Verschwörung seitens einer Gruppe obskurer und uneinheitlicher

Charaktere in verwunderlichem Zusammenspiel, die falsche Dokumente in die Akten schmuggelten, später den Papst falsch informierten und ihm schließlich einen irreführenden Prozeßbericht zur Entscheidung vorlegten.“[60] Galilei hatte viele mächtige Feinde und benahm sich nach den ersten Anschuldigungen von 1616 auch arrogant. Ohne Zweifel stand die Kirche infolge der protestantischen Revolte auch sonst auf vielfältige Weise unter Druck. Auf jeden Fall kann das endgültige Urteil seitens Papst Urbans VIII. am Mittsommertag 1633 als bleibende Tragödie der zivilisierten Welt angesehen werden. Erst 1822 löste die Kirche den Bann gegen den Druck von Büchern, die die Bewegung der Erde als physisch real darstellten. Um die absurde Lage zu würdigen, in die die Kirche durch Urban VIII. gezwungen wurde, sei daran erinnert, daß die offizielle Verpflichtung zum Glauben an eine ruhende Erde noch bestand, als die Royal Astronomical Society gegründet wurde, sowie 162 Jahre nach Gründung der Royal Society. Dem Ansehen der Kirche war unwiderruflicher Schade zugefügt worden, und der Konflikt hinsichtlich Begreifen und Wollen der Menschen bleibt ungelöst.

Galilei war 1564 geboren, im Todesjahr Michelangelos. Er starb 1642, im Geburtsjahr Newtons. Seine Lebensspanne von achtundsiebzig Jahren bezeichnet einen Wendepunkt in der Geschichte – von der Epoche, da das Weltbild des Menschen von Michelangelo in den großen Fresken der *Erschaffung des Menschen* ausgedrückt werden konnte, hin zu dem modernen Zeitalter, in dem das Verständnis des Kosmos sich auf Newtons *Principia* gründet. Das allgemeine Gravitationsgesetz lieferte die Synthese, welche den Fall eines losgelassenen Steins mit den Bahnen der Planeten und die rationale Theorie der Keplerschen Gesetze der Planetenbewegung mit den Beobachtungen Galileis verknüpfte. Aber es war ein mechanistisches, deterministisches Universum. Newton gelang es, seine eigene Position durch den Schluß einsichtig zu machen: „Wir kennen Ihn nur durch Seine überaus weisen Pläne der Dinge und letzten Ursachen." Ein Jahrhundert später schrieb Laplace sein großes Werk über *Himmelsmechanik*, worin er darlegte, daß das Weltall eine riesige Maschine wäre, beherrscht von den Newtonschen Gesetzen; und für Gott hätte man in dem Weltgeschehen keinen Bedarf mehr. John Milton schrieb, nachdem er den betagten Galilei als Gefangenen der Inquisition besucht hatte:

> Ob der Himmel sich bewegt oder die Erde,
> Hat der große Baumeister Menschen und Engeln
> In Weisheit verborgen. Nicht gab er preis
> Seine Geheimnisse zur Erforschung für jene,
> Die sie bewundern sollten...[61]

8. Die Prinzipien Newtons

Um die Mitte des siebzehnten Jahrhunderts war das von Theorie und Beobachtung gelieferte Beweismaterial für das heliozentrische Weltbild vollständig. Überdies war das ganze Gebäude der aristotelischen Physik zusammengestürzt. Intellektuell aber war die Lage völlig unbefriedigend. Sich damit abzufinden, daß die Erde sich bewegt, war nur *eine* Sache; aber zu verstehen, wie ein so großes Objekt bewegt werden und in einer Umlaufbahn um die Sonne gehalten werden kann, war ein neues und schwer zugängliches Problem. Was bewegte die Planeten und hielt sie in ihren Bahnen, wenn es die festen, ineinandergreifenden Kristallsphären nicht gab? Die Annahme der heliozentrischen Vorstellung änderte nichts an der gemeinhin feststellbaren Tatsache, daß ein von der Hand losgelassener Stein direkt unter der Hand zu Boden fiel. Warum fiel er aber zur Erde hin, wenn diese gar nicht im Mittelpunkt des Weltalls ruhte? Wenn die Erde sich bewegte, müßte der Beobachter doch von dem fallenden Stein weggerissen werden! Man konnte wirklich noch eine ganze Menge eindrucksvoller Argumente nichtastronomischer Art dafür finden, daß die Erde im Zentrum des Weltalls fixiert wäre.

Kepler wich dem Problem bei der Ableitung seiner Gesetze der Planetenbewegung nicht aus. Für ihn war die Schwierigkeit offenkundig, da er sich nicht länger in die Konzeption natürlicher Kreisbewegungen flüchten konnte. Seine Antwort auf die Frage, warum sich Planeten in Ellipsen bewegen mit der Sonne in einem der Brennpunkte, gründete sich in genialer Weise auf den Vorrang, den er der Sonne zuerkannte. Für ihn war sie ein Symbol Gottvaters und der Körper, der aufgrund seines Ranges und seiner Kraft als einziger würdig wäre, der Sitz Gottes und Erstursache der Planetenbewegungen im Weltall zu sein.[62] Er faßte Sonnenkräfte als eine *anima motrix* auf – ein System von Strahlen, die von der Sonne ausgehen und ihren Ort in der Ekliptik haben. Diese Strahlen rotierten mit der Sonne und sollten die Planeten durch ihre Kraftwirkung antreiben und in ihren Umlaufbahnen halten. Allerdings verlangten die Keplerschen Gesetze elliptische Bahnen. Dazu führte Kepler geschickt eine zweite Kraft ein, welche die Entfernung zwischen Planet und Sonne variierte.

Gerade damals etwa, im Jahr 1600 hatte William Gilbert sein Buch *Über den Magneten* veröffentlicht, worin er die Erde als einen riesigen Magneten erkannte. Kepler verallgemeinerte diese Idee auf die anderen Planeten des Sonnensystems und wagte die These, daß solche magnetische Anziehung und Abstoßung zwischen Sonne und Planeten die zweite Kraft sein müßte, von der die durch die *anima motrix* bewirkte Kreisbewegung zu einer elliptischen Bahn modifiziert würde. Er meinte auch, daß die „bewegende Kraftseele" in Sonnennähe am stärksten wäre und mit zunehmender Entfernung von der Sonne abnähme. Dabei sollte sich die Geschwindigkeit eines Planeten in seiner Bahn als dieser Entfernung umgekehrt proportional ergeben. So hatte er in qualitativer Form ein Kraftgesetz vor Augen, das erst achtzig Jahre später von Newton exakt formuliert werden sollte.[63] In der Zeit zwischen Kepler und Newton waren es drei Männer – Descartes, Borelli und Hooke –, die auf die Entwicklung der Vorstellungen von solchen Kräften und Bewegungen starken Einfluß ausübten.

René Descartes lebte von 1596 bis 1650. Er nimmt einen ehrenvollen Platz in der Entwicklung des philosophischen Denkens, in der Mathematik und den Naturwissenschaften ein. Seine 1644 erschienenen *Principia philosophiae* enthalten den geistigen Kern der Bewegungen in einem copernicanischen Universum. Zum ersten Mal betrachtet Descartes die Bewegungsweise eines einzelnen Masseteilchens in einem Vakuum und fragt danach, wie die Bewegung durch Zusammenstoß mit einem anderen Teilchen verändert werden könnte. Dabei kommt er zu zwei überaus wichtigen Schlüssen: Erstens bleibt ein Teilchen im Vakuum im Ruhezustand; und zweitens wird ein Teilchen seine Bewegung mit gleicher Geschwindigkeit und in geradliniger Richtung beibehalten, sofern es nicht von einem anderen Teilchen abgelenkt wird. Damit war zum ersten Mal in der Geschichte das Gesetz der Trägheitsbewegung ausgesprochen. Natürlich stehen diese Sätze in krassem Widerspruch zu der noch von Copernicus vertretenen Vorstellung einer sich selbst in Gang haltenden Kreisbewegung.

Descartes entwickelte eine zeitgemäße Version der antiken Idee, daß die Teilchenbewegungen Gesetzen gehorchten, die Gott bei der Schöpfung erlassen hatte. Als erster sprach Descartes eindeutig den Gedanken aus, daß ein Planet, um eine geschlossene Bahn um die Sonne zu beschreiben, irgendwie ständig auf die Sonne hin fallen muß, so daß seine geradlinige Trägheitsbewegung in eine Kurve verwandelt wird. Descartes löste aber nicht das Problem nach dem Wesen der Kraft, die diesen ständigen Fall bewirkt. Er glaubte, die Planeten würden durch Teilchenstoß zur Sonne hin getrieben. Diese Theorie, wonach die ursprünglichen Teilchen später Zusammenstöße erführen, um Wirbel zu bilden, welche das ganze Weltall erfüllten und schließlich zu Planetensystemen würden, war keine fruchtbare Folgerung aus seinem Gesetz der Trägheitsbewegung.

In seinen philosophischen Arbeiten, besonders dem *Discours de la Méthode* (1637) und den *Meditationes de prima philosophia* (1644), legte er manches Fundament für die spätere Entwicklung der Philospohie. Sein Denken beherrschte weitgehend die Anschauungen des siebzehnten Jahrhunderts nicht nur in der Philosophie, sondern auch in der Naturwissenschaft und Kosmologie. Er entwickelte metaphysische und andere Beweise für die Existenz Gottes, indem er dafür eintrat, daß es besser ist, wenn Gott, als das vollkommenste Wesen, existiert, als wenn er dies nicht tut, so daß Gott, falls es ihn nicht gäbe, auch nicht das vollkommenste Wesen wäre. Aber trotz seiner Argumente für die Existenz Gottes als des Schöpfers der Materie, und der Gleichsetzung des Schöpfungsaktes mit dem der Erhaltung der Schöpfung wurde Descartes von den Protestanten scharf angegriffen. Insbesondere suchten ihn die holländischen Theologen zu Tode foltern zu lassen unter der Anklage der Gottlosigkeit. Auch die katholischen Theologen in Frankreich waren scharfe Gegner Descartes'. Noch bevor seine Publikationen diese Angriffe hervorriefen, war er sich durchaus der Gefahr bewußt, die in der Zustimmung zum heliozentrischen Weltbild lag. Seine kosmologischen Gedanken waren bereits 1633 abgeschlossen, aber er hielt das Buch zurück, als er von dem Prozeß und der Verurteilung Galileis erfuhr. Seine *Principia philosophiae* erschienen erst elf Jahre später, zu einer Zeit, da sowohl der *Discours* als die *Meditationes* schon veröffentlicht worden waren.

Parallel zu den weithin bekannten Leistungen Descartes' liefen die seines italienischen Zeitgenossen G. A. Borelli einher, der von 1608 bis 1679 gelebt hat. Borelli war ein Freund und Schüler Galileis. Seine wissenschaftlichen Aktivitäten erstreckten sich auf die Gebiete von Physiologie, Mathematik und Astronomie.[64] Was die Bewegung der Planeten angeht, so glaubte Borelli nicht, daß irgendein „Schub", wie Kepler für die *anima motrix* vermutet hatte, den Planeten in einer geschlossenen Bahn um die Sonne würde halten können. Er meinte, es müßte eine Kraft existieren, um den Planeten zur Sonne hin zu ziehen; sonst würde der Planet das Sonnensystem auf einer Tangentenbahn verlassen. Historisch war dieser Gedanke Borellis der erste Hinweis auf eine Fernkraft, ohne Mitwirkung eines Zwischenmediums.

Robert Hooke war der jüngste unter den dreien, die den Weg für die große Synthese Newtons vorbereiteten. Es ist umstritten, ob Hooke oder Newton zuerst bis zur Idee einer universellen Gravitation vorgestoßen ist, daß nämlich die Kraft, welche die Körper auf der Erde beherrscht, dieselbe ist wie jene, die die Bewegungen am Himmel bestimmt. Hooke wurde auf der Insel Wight 1635 geboren, sieben Jahre vor der Geburt Newtons und dem Tode Galileis. Er war arm, schwächlich und äußerlich nicht anziehend. Mit achtzehn Jahren bezog er die Universität Oxford und kam unter den Einfluß von Robert Boyle, der ihn als besoldeten Assistenten beschäftigte. Hooke zeichnete sich alsbald in der experimentellen Forschung aus; er konstruierte und baute die erste in England hergestellte Luftpumpe, erfand eine Uhr mit durch eine Feder gesteuerter Unruh; und es spricht vieles dafür, daß die Entdeckung von Boyles Gesetz Hooke zuzuschreiben ist.[65] Als 1662 die Royal Society durch Charles II. ihre Verfassung erhielt, wurde Hooke zum Kurator bestimmt. Er lebte im Gresham College, wo er 1665 zum Professor für Geometrie ernannt wurde, und übte von dort seine astronomische Tätigkeit aus. In diesem Jahr veröffentlichte er seine *Micrographia* [66] und bekundete damit eine erstaunlich umfassende Wirksamkeit auf vielen Gebieten der biologischen und physikalischen Disziplinen. Hier haben wir es nur mit seinen astronomischen Arbeiten zu tun. Als Beobachter entwickelte und verbesserte er viele astronomische Instrumente, einschließlich des ersten Spiegelteleskops vom Gregory-Typ.[67] Er entdeckte die Rotation von Mars und Jupiter, erkannte die Existenz von Doppelsternen, begriff, daß der Schweif eines Kometen stets von der Sonne weggestoßen wird, und fand beim Versuch, Sternparallaxen zu messen, Anomalien, die später ihre Aufklärung fanden, als Bradley die Erscheinung der Aberration entdeckte.[68]

Im Jahre 1666 lieferte Hooke der Royal Society eine bedeutsame Demonstration. Er hängte ein schweres Pendelgewicht an einem Draht so auf, daß es sich in jeder Richtung frei bewegen konnte. Wenn er es aus seiner Ruhestellung zog und dann losließ, schwang es wie ein gewöhnliches Pendel in einer Ebene hin und her. Gab er dem Gewicht aber einen horizontalen Stoß, machte es eine ständige Umlaufbewegung um seine Ruhestellung, genau so, wie ein Planet um die Sonne läuft. Mit diesem konischen Pendel zeigte Hooke deutlich, daß die angreifenden Kräfte nicht imstande waren, das Pendel zum Zentrum zu ziehen, sondern vielmehr immer eine solche Bewegung hervorriefen, bei der es in einer Kurve um den Mittelpunkt lief. Hooke folgerte, daß eine ähnliche Zentralkraft im Himmel genau die gleiche Wirkung haben würde und damit die geschlossenen Bahnen der Erde und Planeten um die Sonne zustande brächte.

Hooke veröffentlichte 1674 seine Theorie, daß es eine universelle Gravitationskraft gäbe und vertrat die Ansicht, das Planetensystem „entspräche in jeder Hinsicht den allgemeinen mechanischen Bewegungen."[69] Der von Kepler, Descartes und Borelli ausgesprochene Gedanke einer Kraft, die die Planeten in ihren Bahnen hält, hatte stets etwas von einem himmlischen Geheimnis an sich gehabt. Hooke behauptete dagegen als erster, solche Kräfte hätten im Himmel nicht mehr Mysteriöses an sich als auf der Erde. Nach seiner Meinung bewegten sich die Planeten in geschlossenen Bahnen um die Sonne, weil sie dem Zug einer Schwerkraft unterliegen, deren Stärke mit der Entfernung abnimmt.

„Alle Himmelskörper besitzen eine Anziehung oder Schwerkraft in Richtung auf ihre Mittelpunkte, wodurch sie nicht nur ihre eigenen Teile anziehen und am Davonfliegen hindern, wie wir es bei der Erde beobachten können; sondern sie ziehen auch alle anderen Himmelskörper an, die sich innerhalb ihrer Wirkungssphäre befinden; ... jegliche Körper, die in eine direkte und einfache Bewegung versetzt werden, werden sich so weiterhin geradlinig bewegen, bis sie durch irgendwelche einwirkende Kräfte abgelenkt und in eine Bewegung überführt werden, bei der sie einen Kreis, eine Ellipse oder eine andere, kompliziertere Kurvenbahn beschreiben ... diese anziehenden Kräfte sind um so mächtiger, je näher sich der beeinflußte Körper ihren eigenen Zentren befindet. Ich habe noch nicht experimentell festgestellt, in welchem Grade das jeweils der Fall ist...“

Damit hatte Hooke die Kraft der universellen Gravitation klar formuliert. Er war aber nicht in der Lage, die „Grade“ anzugeben, oder das genaue Gesetz dieser Kraft und es zu den beobachteten elliptischen Bahnen der Planeten um die Sonne in Beziehung zu setzen. Diese endgültige Synthese war die gewaltige Leistung Newtons.

Hooke und Newton waren Zeitgenossen, wobei Hooke um sieben Jahre älter war; und nicht nur ihre Lebensspannen, sondern auch ihre wissenschaftlichen Aktivitäten überschnitten sich. So kam es zwischen ihnen zu einem heftigen Streit über mindestens zwei verschiedene Probleme. Es ging dabei um Optik und Gravitation. Newton war auf den Gedanken gekommen, einen Spiegel anstelle einer brechenden Linse in einem Teleskop zu verwenden, weil er bei seinen Experimenten mit Linsen die chromatische Aberration beobachtet hatte. In einem Instrument, das er 1671 der Royal Society vorstellte, war der kleine Hohlspiegel aus Spiegelmetall geschliffen.[70] Das Licht wurde durch die Achse des Tubus reflektiert, und im Brennpunkt dieses Primärspiegels hatte Newton unter 45 Grad einen Planspiegel so angebracht, daß das Bild rechtwinklig abgelenkt wurde und bequem durch ein außen am Tubus befindliches Okular betrachtet werden konnte.[71] Newton behauptete, daß dieses nur sechs Zoll lange Teleskop vierzigfach vergrößerte. Er wußte von Gregorys Konstruktion eines Spiegelteleskops, hatte aber wahrscheinlich nicht erfahren, daß Hooke ein Instrument vom Gregory-Typ gebaut hatte. Hooke sah sich veranlaßt, für das von ihm 1664 hergestellte Spiegelteleskop Priorität zu beanspruchen, „aber die Pestkatastrophe bewirkte meine Abwesenheit und den Brand... Ich versäumte es, die Sache zu verfolgen, da ich nicht wollte, daß die Glasschleifer etwas von dem Geheimnis erführen."

Ein Jahr später, 1672, als Newton der Royal Society seine Theorie verkündete, wonach weißes Licht eine Mischung aus vielen Farben wäre, trat Hooke wieder gegen ihn auf mit der Behauptung, selbst solche Experimente angestellt zu haben, und Newtons Erklärung wäre falsch. Es scheint so, daß Hookes Opposition gegen Newtons optische Arbeiten die Hauptursache für die Verzögerung war, mit der Newtons großes Werk *Opticks* erschienen ist. Es kam erst 1704 heraus, ein Jahr nach Hookes Tod, obwohl es seit vielen Jahren bereits als Manuskript vorgelegen hatte. Zum Zeitpunkt der Publikation hatte Newton schon längst seine diesbezüglichen Forschungen eingestellt.

Die Ereignisse, welche zur Konzeption und 1687 zur Publikation der *Principia mathematica* [72] geführt haben, sind Thema zahlloser wissenschaftlicher Untersuchungen in neuer Zeit gewesen. Newton war 1665, im Jahr der großen Pest[73], von der Universität Cambridge graduiert worden. Im Herbst wurde die Universität geschlossen, und Newton kehrte zu seinem Geburtsort Woolsthorpe in Lincolnshire zurück. Dort lebte er fast zwei Jahre lang streng zurückgezogen. In dieser Zeit arbeitete er über Optik und Infinitesimalrechnung, vor allem aber schuf er die Grundlagen der Gravitationstheorie. Gegen Ende seines Lebens schrieb er über die Zeit:

„In demselben Jahr (1666) begann ich über Schwerkraft nachzudenken, die über die Mondbahn hinausreicht... und kam zu dem Schluß, daß die Kräfte, die die Planeten in ihren Bahnen halten, sich umgekehrt proportional (ändern) müßten, wie die Quadrate der Entfernungen, in denen sie um die Zentren umlaufen... All dies war in den zwei Pestjahren 1665 und 1666; denn in jenen Tagen stand ich in der Jugendblüte meiner Erfindungskraft, und mehr als irgendwann danach stand mir der Sinn nach Mathematik und Philosophie."[74]

I. B. Cohen hat darüber nachgedacht, welche Umstände Newton zu seinem Gesetz geführt haben könnten.[75] Newton wußte von Descartes' Trägheitsgesetz: beim Fehlen einer äußeren Kraft bleibt ein Körper in Ruhe, während ein sich gleichmäßig geradlinig bewegender Körper dies auch weiterhin tun wird. Von Keplers Gesetzen hatte Newton durch die Lektüre von Streetes *Astronomia Carolina* erfahren. Und ebenso wie Hooke war er sich darüber klar, daß das Wesen der Planetenbahnen eine in der Sonne zentrierte Kraft erforderte, ebenso wie die Umlaufbahnen der Monde eine in dem entsprechenden Planeten wirkende Zentralkraft. In seinen *Principia* formuliert Newton das Trägheitsgesetz von Descartes erneut, ohne dessen Priorität zu würdigen, als das erste Bewegungsgesetz. In den „Definitionen" zu Beginn der *Principia* verkündet er noch zwei weitere Bewegungsgesetze. Das zweite stellt fest, daß die Änderung der Bewegung eines Körpers der auf ihn einwirkenden Kraft verhältnisgleich ist; und das dritte Gesetz ist das der Gleichheit von Aktion und Reaktion. Newton behauptet, durch das Studium der Arbeiten von Galilei, Wallis,[76] Wren und Huygens zu diesen Gesetzen geführt worden zu sein.

Die wichtigsten Elemente der Newtonschen Gesetze über Bewegung und Schwerkraft lagen schon vor; da erkannte er 1679 oder 1680 die entscheidend wichtige Tatsache, daß sein Gesetz vom reziproken Quadrat der Kraft, das er 1666 in Form der zwischen zwei Körpern wirkenden Kraft entdeckt hatte, mathematisch zu den Keplerschen Gesetzen der Planetenbewegung führte. Es ist nicht klar, wieso Newton nicht schon 1666 nach der Entdeckung des Gesetzes vom ungekehrten Quadrat der Entfernungen sofort dessen Bedeutung als Erklärung der Keplerschen Gesetze erkannt hat. Einige Forscher meinen, die von Newton für die Mondentfernung benutzten Zahlenwerte seien so ungenau gewesen, daß er die Theorie nicht mit der Beobachtung in Übereinstimmung bringen konnte. Wahrscheinlicher ist aber wohl, daß er, obwohl er wußte, daß jedes Teilchen jedes andere nach dem Gesetz des umgekehrten Quadrates anzieht, unsicher war, wie diese Idee angewandt werden sollte, wenn es um die Anziehungskraft großer Körper wie der Erde und der anderen Planeten ging. Newton wich einige Jahre lang dem Problem aus, wie sich alle Anziehungskräfte für jedes Teilchen in dem großen Körper summieren, bis er schließlich die Lösung fand, daß nämlich eine Kugel ein Teilchen genauso anzieht, als wenn ihre gesamte Masse in einem einzigen Punkt in ihrem Zentrum vereinigt wäre.

Heute ist uns das völlig klar, aber 1685 mußte es als eine überraschende Folgerung erscheinen. Mehr als zwölf Jahre waren vergangen seit Newtons Entdeckung der reziprok quadratisch wirkenden Schwerkraft, bis er darauf kam, daß die Gesetze der Planetenbewegung unausweichlich daraus folgten, daß man die Planeten mathematisch so behandelte, als wäre ihre Gesamtmasse im Zentrum des Körpers konzentriert. Newton hatte seine Entdeckung immer noch nicht publiziert und hätte es vielleicht auch nie getan, wenn nicht Hooke und Halley darauf gedrängt hätten.

In dem Zeitraum zwischen 1666, als Newton das umgekehrt quadratische Gravitationsgesetz entdeckte, und 1685, als er erkannte, wie dieses auf die Planetenbahnen anzuwenden war, gab es einen ziemlich unfreundlichen Schriftwechsel zwischen ihm und Hooke. Es scheint so, daß keiner von beiden jeweils das Interesse des anderen an der Angelegenheit richtig verstand; und in Unkenntnis der Tatsache, daß Newton 1666 die Lösung des umgekehrt quadratischen Gesetzes gefunden hatte, machte Hooke in seiner Korrespondenz etliche Jahre später den Vorschlag, das Gesetz der Kraft zwischen zwei Körpern könnte von diesem Typ sein. Was Edmond Halley angeht, so scheint sein Interesse am Thema der Planetenbahnen nicht vor 1684 praktisch in Erscheinung getreten zu sein. Er war damals achtundzwanzig Jahre alt und hatte schon auf seinen Reisen die Durchgänge von Merkur und Venus vor der Sonne beobachtet, hatte seine berühmte Veröffentlichung über die Bahn des großen (später nach ihm benannten) Kometen von 1680 herausgebracht, ferner einiges über den Erdmagnetismus publiziert und mit dem Studium des Phänomens der Gezeiten begonnen.[77] Im Jahre 1684 nun richtete sich Halleys Interesse auf das mit Keplers drittem Gesetz aufgeworfene Problem: warum hing das Quadrat der Umlaufsperiode eines Planeten mit der dritten Potenz seines mittleren Abstandes von der Sonne zusammen? Halley kam zu dem Schluß, daß, wenn die Sonne jeden Planeten mit einer Kraft anzog, die umgekehrt zum Quadrat der Entfernung zwischen beiden variierte, genau diese Beziehung herauskommen müßte. Er erörterte dieses Problem mit Hooke, der das gleiche Ergebnis für sich beanspruchte. Aber Hooke lieferte keinen Beweis, und so entschloß sich Halley, Newton im Trinity College persönlich aufzusuchen.

Diese historische Begegnung zwischen Halley und Newton ereignete sich im August 1684. Newton bestätigte die Richtigkeit des Gesetzes der umgekehrt quadratischen Entfernung, konnte aber seine Aufzeichnungen nicht finden und versprach, sie Halley nach London zu schicken. John Conduitt, der Gatte von Newtons Nichte, hat den Höhepunkt dieser Begegnung aufgezeichnet, als Halley Newton fragte, wie die Bahn eines Planeten aussehen würde, falls die Schwerkraft im umgekehrten Verhältnis zum Quadrat der Entfernung abnähme.

„Dr. Halley kam 1684 nach Cambridge, um ihn zu besuchen. Nachdem sie einige Zeit beisammen gewesen waren, fragte ihn der Dr., was für eine Kurve seiner Meinung nach die Planeten beschreiben würden unter der Annahme, daß die Kraft der Anziehung zur Sonne hin dem Quadrate ihrer Entfernung von ihr reziprok wäre. Sr. Isaac antwortete sofort, daß es eine Ellipse sein würde. Der Doctor war höchst erfreut und überrascht und fragte ihn, wieso er das wüßte. Nun, sagte er, ich habe es ausgerechnet. Daraufhin bat Dr. Halley ihn unverzüglich nach seiner Berechnung. Sr. Isaac suchte unter seinen Papieren, konnte sie aber nicht finden, versprach ihm aber, sie neu zu machen und ihm dann zu schicken...“[78]

Als er dies dann tat, kam Halley, der die ungeheure Bedeutung von Newtons Idee erkannte, sofort wieder nach Cambridge. Da versprach Newton dann, sein Buch zu veröffentlichen. Auf der Versammlung der Royal Society am 10. Dezember 1684 berichtete Halley über Newtons Arbeit, und in den *Philosophical Transactions* von 1686 wurde Newtons Schrift über die Theorie der Gravitation veröffentlicht. Im Mai des gleichen Jahres ordnete das Council der Gesellschaft an, das Buch, an dem Newton arbeitete – die *Principia* – sollte publiziert werden. Es ergaben sich Schwierigkeiten aus einer Reihe von Streitigkeiten mit Hooke und aus dem Umstand, daß, mit Halleys Zureden, die *Principia* sich zu einem erheblich umfangreicheren Werk auswuchsen, als ursprünglich beabsichtigt. Als 1687 Teile des Werks schon beim Drucker waren, entschied die Royal Society, sie könnte nicht für die Kosten der Veröffentlichung aufkommen. Daraufhin erbot sich Halley, der Bedeutung von Newtons Arbeit gewiß, die Korrekturbögen nachzuprüfen und selbst den Drucker zu bezahlen.[79] Der Streit mit Hooke darüber, wer die Priorität für die Entdeckung des Gesetzes vom umgekehrten Quadrat der Entfernung beanspruchen dürfte, verschärfte sich dermaßen, daß Newton drohte, er würde das dritte Buch der *Principia* nicht schreiben, sofern nicht die Royal Society bereit wäre, Hookes Ansprüche zu verwerfen. Schließlich wurde durch die Intervention Halleys als der Person, über die die meisten dieser Auseinandersetzungen liefen, Newtons Verärgerung soweit gedämpft, daß die *Principia* abgeschlossen werden konnten, allerdings ohne

Würdigung Hookes. So wurden im Juli 1687 die *Principia* von der Royal Society herausgebracht.[80] Das Buch, von Halley als „göttlicher Traktat“ bezeichnet, wurde damals wie noch heute als eines der großen wissenschaftlichen Werke aller Zeiten eingeschätzt – eine gewaltige und universelle Synthese, die irdische Ereignisse mit der Bewegung der Erde und aller Himmelskörper verknüpfte.

Zwei Jahre nach dem Erscheinen der *Principia* wurde Newton für die Universität Cambridge als Mitglied ins Parlament gewählt. Er wurde 1699 Master of the Mint (Chef des Münzamtes) und 1703 Präsident der Royal Society. Ein Jahr, nachdem die dritte Auflage seiner *Principia* herausgekommen war, 1727, starb er. In all diesen späteren Abschnitten seines Lebensweges war Newton in allerhand Streitigkeiten verwickelt, besonders mit Leibniz über die Frage, wer von beiden die Infinitesimalrechnung erfunden hätte. Nur wenige Mathematiker hatten während Newtons Lebenszeit die Infinitesimalrechnung begriffen, und nur wenigen Naturwissenschaftlern war es gelungen, den Inhalt der *Principia* zu beherrschen. Als erste haben französische Mathematiker die von Newton aufgestellten Prinzipien angewandt und erweitert, insbesondere Joseph Lagrange (1736 bis 1813), Pierre Laplace (1749–1827) und Jean d'Alembert (1717–83). Diesen Namen ist noch hinzuzufügen der des Schweizer Mathematikers Leonhard Euler (1707–83), welcher die seit den Zeiten des Ptolemaios aufgetretenen Unregelmäßigkeiten der Erdbewegung erklärte.[81] Die auf Newtons Theorie gegründete mechanistische Vorstellung vom Weltall, wie sie im Laufe des achtzehnten Jahrhunderts von diesen Mathematikern und Astronomen entwickelt wurde, hat im Werk von Laplace ihren exemplarischen Ausdruck gefunden. Die dreizehn Bände seiner *Mécanique céleste*[82] führten den Beweis, daß das Universum eine gigantische Maschine sei, beherrscht von Newtons Gesetzen. Diese Entwicklung würde Newton selbst nicht gefallen haben. Er hatte ein Jahrhundert zuvor in den *Principia* das Wesen Gottes erörtert mit dem Ergebnis, daß wir Ihn kennen „durch seine höchst weisen und vorzüglichen Anordnungen (contrivances) der Dinge und Zweckursachen.“

9. Wilhelm Herschel und der Beginn der modernen Kosmologie

Die mit Copernicus und Galilei verbundenen Umwälzungen des menschlichen Denkens im sechzehnten und siebzehnten Jahrhundert führten nicht unmittelbar zu einer wesentlichen Veränderung der weiteren Vorstellungen des Menschen von der Natur des Weltalls. Kosmisch gesehen, waren diese Revolutionen nur lokal. In dem Weltbild des Aristoteles ruhte die Erde im Zentrum des Universums, und Materie wie Raum endeten an der Fixsternsphäre. Diese antike Kosmologie war zugleich geozentrisch und egozentrisch. Nach den Zeiten des Copernicus und Galilei wurde die Kosmologie zwar heliozentrisch, blieb aber nach wie vor im Grunde egozentrisch. Das heißt: die Sonne war anstelle der Erde als Zentrum des Weltalls anzusehen; aber allgemein kosmologisch gesehen bestand das Universum aus der Sphäre der Fixsterne, wobei sich die um die Sonne bewegende Erde in der Zentralregion befand.

Obwohl also das heliozentrische Universum wesentlich egozentrisch blieb, gab es doch folgenschwere Änderungen der Perspektive, die an Bedeutung weit über die örtliche Bewegung der Erde um die Sonne hinausreichten. In der antiken Kosmologie legte die Fixsternsphäre ein absolutes Bezugssystem fest. Gegenstände fielen zur Erde, weil sie das feste Zentrum dieser Sphäre war, welche ihrerseits die Antriebskraft für die Bewegung der Planeten lieferte. Im copernicanischen Universum wurden diese Deutungen unhaltbar. Die Gegenstände fielen zwar noch zur Erde; aber die Erde war in Bewegung und konnte nicht weiter als das absolute

Zentrum des Universums gelten. Ferner waren Vorbehalte, nach denen die Fixsternsphäre bewegt und endlich sein müßte, beseitigt.

Der Wegfall dieser Einschränkungen hatte tiefgreifende Folgen für die Entwicklung von Ideen über die Natur des Weltalls. Als die heliozentrische Theorie die Fesseln sprengte, welche die Forderung einer die Erde umgebenden Fixsternsphäre bedeutete, tauchte logischerweise der Glaube an ein unendliches Weltall auf. Tatsächlich hatte der „Beweis" des Aristoteles, daß es außerhalb der Sternsphäre keine Leere gebe, nie allgemeine Anerkennung gefunden; vielmehr scheint schon lange vor Copernicus die Volksmeinung die Vorstellung von einem unendlichen Universum außerhalb der Fixsternsphäre begünstigt zu haben – im Sinne eines unendlichen Raumes, der keine Materie enthielt, aber als Wohnsitz Gottes und der Engel diente.

Bald nach der Veröffentlichung von *De revolutionibus* wurden erste Schritte zu einer Integration der Idee des unendlichen Weltalls mit der heliozentrischen Theorie erkennbar. Im Jahr 1576 erschien ein außergewöhnliches Werk von Thomas Digges. Dessen Vater Leonard war der Verfasser des populären Almanachs *A Prognostication everlasting* (Eine immerwährende Vorhersage),[83] und in der Ausgabe von 1576 erschien ein Nachtrag von Thomas über „eine vollkommene Beschreibung der Himmelssphären nach der uralten Lehre der Pythagoreer, kürzlich von Copernicus wiederbelebt und durch geometrische Beweise bestätigt." Die Bedeutung der Arbeit lag darin, daß sie das erste Diagramm des Universums enthielt, worin die Sterne nicht mehr als auf eine feste Sphäre beschränkt dargestellt waren. Das Diagramm trägt die Beischrift: „Diese Sphäre von Fixsternen reicht in der Höhe unendlich weit sphärisch empor ...", wobei weiterhin der Gedanke zu finden ist, daß die Sterne der Sonne gleich (oder ähnlich) sind: „... ständig leuchtende, prächtige Lichter ohne Zahl. Unsere Sonne sowohl in

Quantität wie in Qualität weit übertreffend der wahre Hof himmlischer Engel ..."

Dieser Gedanke, daß die Sterne im unendlichen Raum verstreut wären, erfuhr eine entscheidende Bekräftigung seitens der Beobachtung, als Galilei mit seinem Fernrohr zahllose neue Sterne dort entdeckte, wo das bloße Auge keine sehen konnte. Die von Descartes und Newton eingeführten Begriffe der Trägheit und Gravitation verliehen dieser Vorstellung von einem unendlichen Weltall wissenschaftliche Stichhaltigkeit. Als sich immer klarer zeigte, daß die Gesetze der Schwerkraft nicht nur für das lokale Planetensystem, sondern auch für das ganze Sternsystem galten, wurde es in der Tat notwendig, an die unendliche Ausdehnung des Universums zu glauben – im Interesse der Erhaltung seiner Stabilität. Andernfalls würde sich ein rein lokales Sternsystem unter dem Einfluß seiner eigenen Schwerkraft zu seinem Massenmittelpunkt zusammengezogen haben. Newton war sich über diesen Punkt durchaus im klaren, wie sein Briefwechsel mit Bentley zeigt.

Richard Bentley war ein brillanter Wissenschaftler, der 1692 im Alter von dreißig Jahren die erste Gedächtnisvorlesung zu Ehren von Robert Boyle hielt.[84] Bentley sprach in St. Martin-in-the-Fields über „*A Confutation of Atheism*" (Eine Widerlegung des Atheismus); und wahrscheinlich war das die erste Gelegenheit, bei der Newton einem größeren Publikum bekannt wurde. Auf jeden Fall entwickelte sich eine umfangreiche Korrespondenz zwischen Bentley und Newton, weil es in der Vorlesung darum gegangen war, daß die göttliche Vorsehung für einen jeden offenkundig war, der die Struktur des Weltalls so zu erfassen vermochte, wie Newton sie dargelegt hatte. Am 10. Dezember 1692 schrieb Newton an Bentley über die unendliche Ausdehnung des Universums:[85]

„Aber wenn die Materie durch einen unendlichen Raum gleichmäßig verteilt war, würde sie niemals sich zu einer

Masse zusammenziehen, sondern nur Teile von ihr würden zu einer Masse und manche andere zu einer anderen sich vereinigen, so daß sie eine unendliche Anzahl großer Massen bilden würden, die in großen Abständen durch all den unendlichen Raum verstreut wären. Und so hätten die Sonne und die Fixsterne gebildet sein können, sofern die Materie von leuchtender Natur gewesen war. Aber wie die Materie sich in zwei Arten teilen sollte und derjenige Teil von ihr, der geeignet war, einen leuchtenden Körper zu bilden, in eine Masse zusammenfallen und eine Sonne ausmachen und der Rest, der zur Bildung eines nichtleuchtenden Körpers geeignet war, nicht zu einem großen Körper zusammenwachsen sollte, wie die leuchtende Materie, sondern in viele kleine; oder ob die Sonne zuerst ein dunkler Körper gewesen ist wie die Planeten, oder die Planeten leuchtende Körper wie die Sonne; wie diese allein sich in einen leuchtenden Körper verwandeln konnte, während die anderen unverändert blieben – das halte ich für durch rein natürliche Ursachen nicht erklärbar, sondern bin gezwungen, es dem Rat und Plan eines spontanen Agens (voluntary Agent) zuzuschreiben ..."

Newton war in den rein mechanistischen Aspekten der Gravitationsgesetze so befangen, daß er das Eingreifen Gottes bemühen mußte, um den gegebenen Tatbestand zu berücksichtigen, daß das Planetensystem göttlicher Wiederherstellung bedürfte, falls die durch Einwirkung von Kometen und Planeten aufeinander hinzukommenden Unregelmäßigkeiten die Vollkommenheit der Bewegung zerstören sollten.

„... Blindes Schicksal könnte nie bewirken, daß sich alle Planeten auf die gleiche Weise in konzentrischen Umlaufbahnen bewegen, ungestört mit Ausnahme beträchtlicher Unregelmäßigkeiten, die durch die wechselseitige Einwirkung von Kometen und Planeten auf einander vielleicht haben entstehen können, und die durchaus wohl noch anwachsen könnten, bis dieses System eine Wiederherstellung (Reformation) braucht ...“[86]

Zur Zeit von Newtons Tod im Jahre 1727 war die öffentliche Meinung fast gänzlich davon überzeugt, daß der Mensch in einem zur Sonne zentrierten, unendlichen Universum lebt, das von einer unendlichen Anzahl von Partikeln bevölkert war, deren Verhalten durch Newtons Gesetze der Trägheit und Schwerkraft bestimmt wurden.

Diese Vorstellung vom unendlichen Weltall warf bald manche Fragen auf, die erheblichen Streit in Theorie und Beobachtung hervorriefen. Davon sind einige inzwischen entschieden, andere beschäftigen uns noch heute. Bei mindestens dreien dieser kosmologischen Grundprobleme spielt das Werk Wilhelm Herschels eine zentrale Rolle auf dem gewundenen Pfad zu einem neuen Verständnis.

Wilhelm Herschels Weg zum Astronomen

Herschel wurde 1738, elf Jahre nach Newtons Tod, geboren und erlebte es noch, der erste Präsident der im Jahr 1820 gegründeten Royal Astronomical Society zu werden. Sein Tod zwei Jahre später bezeichnet das Ende einer Epoche, in der, hauptsächlich durch seine Leistungen, die moderne Wissenschaft der Kosmologie begründet wurde. Er baute die ersten Teleskope, die weit in den Raum vordringen konnten, verfaßte große Kataloge von Sternen und von Objekten, die Nebel genannt wurden, und er dachte nach und formulierte Theorien über die Struktur des Weltalls.

Es ist ein ungewöhnlicher Zug in Herschels Lebensweg, daß bis zum Alter von fünfunddreißig Jahren bei ihm kaum irgendwelches Interesse an Astronomie zu erkennen war. Als junger Mann war er Oboist der hannoverschen Garde zu Fuß; aber mit neunzehn Jahren entschloß er sich, den Dienst in der Armee zu quittieren und eine musikalische Laufbahn in England einzuschlagen. Darin hatte er mit wechselnden Tätigkeiten zunehmend Erfolg. Schließlich wurde er 1766 zum Organist in Halifax ernannt. Fast gleichzeitig wurde er auch für die Organistenstelle an der Octagon Chapel[87] in Bath vorgeschlagen. Dieses Amt trat er im Dezember des gleichen Jahres an und setzte so in Bath seine erfolgreiche musikalische Laufbahn fort. Zusätzlich zu seinen Verpflichtungen an der Kirche wirkte er auch einige Zeit im Orchester des Pump Room, eines berühmten Konzertsaals in Bath, mit und hatte viele Schüler. Nachdem er sieben Jahre in Bath verbracht hatte, lassen seine Aufzeichnungen ein gewisses Interesse an der Himmelskunde erkennen. Am 19. April 1773 vermerkte er den Kauf eines Quadranten und eines Buchs über Trigonometrie. Davor war die einzige astronomische Notiz eine Beobachtung der Venus und einer Mondfinsternis im Jahre 1766. Aber 1773 scheint den Wendepunkt in seinen Interessen zu bezeichnen. Herschel kaufte viele Bücher über Astronomie, lieh sich ein Spiegelteleskop und beschloß dann, selbst eines zu bauen. So erwarb er im September 1773 die Einrichtung zur Herstellung von Metallspiegeln. Nachdem er mit Instrumenten vom Gregory-Typ experimentiert hatte, entschloß er sich für das Newton-System, dessen Gebrauch ihm leichter erschien.

In seinem Haus richtete Herschel eine Schmelzwerkstatt ein, um die Rohlinge aus Spiegelmetall anzufertigen. Im November 1778 goß und polierte er aus einer Legierung von 29,4% Zinn und 70,6% Kupfer einen sehr guten Spiegel von sieben Fuß (214 cm) Brennweite. Dieses Teleskop machte ihn bald berühmt. Als Wilhelm Herschel in der Nacht vom 13. März 1781 den Himmel durchmusterte, bemerkte er einen merkwürdigen „nebligen Stern oder vielleicht einen Kometen“. Nach ein paar Stunden fortgesetzter Beobachtung zeigte sich die Position des Objekts in Bezug auf den Hintergrund aus Sternen verändert. Als die Nachricht von dieser Entdeckung Maskelyne, den Astronomer

Royal, erreichte, konnte er die Existenz dieses Objekts bestätigt bekommen. Am 26. April legte Herschel der Royal Society ein Papier vor: „Account of a Comet." Bald wurde aber klar, daß Herschel nicht einen Kometen, sondern einen neuen Planeten entdeckt hatte. Er schlug vor, ihn zu Ehren des Königs *Georgium Sidus* zu nennen, aber später wurde der Name in Uranus abgeändert.[88]

So wurde Herschel, damals noch Berufsmusiker, im Alter von dreiundvierzig Jahren ein berühmter Astronom. Am 6. Dezember wurde er zum Mitglied der Royal Society gewählt. Sir Joseph Banks, der damalige Präsident der Gesellschaft, war von seiner Arbeit so beeindruckt, daß er König George III. vorschlug, Herschel der Notwendigkeit, seinen Lebensunterhalt als Musiker zu verdienen, zu entheben. Der König beorderte Herschel nach Windsor und setzte für ihn als privaten Astronomen des Königs ein Gehalt von jährlich zweihundert Pfund aus.

Die Struktur der Milchstraße

Jeder, der in einer klaren, dunklen Nacht die Schönheit des Himmels betrachtet, wird sehen, daß sich ein Band aus sanft verschwimmendem Licht über das Firmament zieht – die Milchstraße. Die Erkenntnis, daß dieses Lichtband durch Anwendung eines Teleskops in viele Sterne aufgelöst werden konnte, widersprach der Vorstellung eines unendlichen Systems von symmetrisch rund um die Sonne verteilten Sternen. So wurde das Problem der „Konstruktion des Himmels" ein hauptsächliches Interessengebiet Herschels nach seiner Entdeckung des Planeten Uranus im März 1781. Durch die Gunst Georges III. konnte Herschel seine Musikerlaufbahn in Bath aufgeben und wurde 1782 in Datchet bestallt. Vier Jahre später zog er nach Slough um. In den zwanzig Jahren nach seinem Eintreffen in Datchet führte

Wilhelm Herschel mit der hingebungsvollen Hilfe seiner Schwester Caroline drei bedeutende Durchmusterungen des Himmels durch. Obwohl er ständig bemüht war, größere Teleskope zu bauen, um weiter in den Raum vordringen zu können, wurden diese Arbeiten größtenteils mit einem Instrument von zwanzig Fuß (6,16 m) Brennweite und 18,7 Zoll (47,5 cm) Öffnung ausgeführt. Er benutzte es zuerst im Oktober 1783; und seine wichtigsten Veröffentlichungen über die Struktur des Himmels, die 1784, 1785 und 1789 erschienen,[89] beruhen großenteils auf Überwachungen, die mit diesem Instrument gemacht wurden. Herschels Ehrgeiz zum Bau eines noch größeren Teleskops gipfelte schließlich in einem berühmten Instrument von vierzig Fuß (12,20 m) Brennweite und 48 Zoll (122 cm) Öffnung. Damit begann er 1787 zu beobachten, konnte aber aus verschiedenen Gründen nie so bedeutsame Ergebnisse erzielen wie mit dem Zwanzig-Fuß-Teleskop.[90]

Obwohl Herschels Ruhm zu jener Zeit auf der Entdekkung des Uranus beruhte, hatte er schon zuvor Interesse am Problem der Nebel und der Struktur des Himmels gewonnen infolge der Lektüre von Roberth Smiths Buch *A Compleat System of Opticks,* das 1738 erschienen war.[91] Dieses Werk regte Herschel nicht nur zum Bau von Teleskopen an, sondern enthüllte ihm auch die Probleme der Sterne und Nebel. In seinem ersten Tagebuch von 1774 erwähnt er Beobachtungen des Orion-Nebels. Es scheint, daß ihm im Dezember 1781, neun Monate nach der Entdeckung des Uranus, sein treuer Freund in Bath, Dr. William Watson, ein Exemplar von Messiers Katalog mit 103 Nebeln und Sternhaufen geschenkt hat.

Herschels Beziehungen zu Watson hatten sich durch Zufall zwei Jahre zuvor ergeben. Im Dezember 1779 beobachtete Herschel den Mond durch ein Teleskop, das er auf der Straße vor seinem Haus aufgestellt hatte, als ein Unbekannter, William Watson, um die Erlaubnis bat, einen Blick durch das Instrument tun zu dürfen. Bald wurden sie gute Freunde; und Watson, der 1767 in die Royal Society gewählt worden war, führte Herschel in die Bath Philosophical Society ein und übermittelte dessen frühe Papiere der Royal Society. Als Herschel nun von Watson den Messier-Katalog bekam, wurde ihm klar, daß seine eigenen Teleskope denen Messiers überlegen waren. Das veranlaßte ihn, im Oktober 1783 mit seinen Himmelsdurchmusterungen anzufangen. Von da an hatten Herschels Beobachtungen und Publikationen unentwegt mit dem Problem der Struktur des Himmels und der Natur der Nebel zu tun. Im Interesse einer einfachen Darstellung werden wir zunächst das Problem des Aufbaus der Milchstraße betrachten, das historisch gesehen den Hauptinhalt der zweiten, 1785 erschienenen Veröffentlichung Herschels über die Struktur des Himmels bildet.

Ehe Herschel sich dieser Frage zuwandte, hatte Thomas Wright schon vorgeschlagen, daß die Sterne nicht symmetrisch rund um die Sonne verteilt wären. In seinem Buch *An Original Theory, or new Hypothesis of the Universe,*[92] das 1750 herauskam, äußerte Wright einen Gedanken, wie man möglicherweise die unendliche Erstreckung von Sternen mit dem Erscheinungsbild der Milchstraße als eines sich um den Himmel erstreckenden Lichtbandes vereinbaren könnte. Er schlug vor, daß die Sonne im Zentrum einer riesigen diskusförmigen Scheibe wäre, die sich nach außen hin unendlich weit erstreckte. Ein Beobachter auf der Erde würde auf diese Weise nur verhältnismäßig wenige Sterne in Richtung senkrecht zur Scheibenebene sehen, aber parallel zur Scheibe ihre unendliche Ausdehnung in Gestalt des Milchstraßenbandes erkennen. Diese Hypothese scheint der erste wissenschaftliche Gedankengang in dem Sinne zu sein, daß die Sterne im Himmel nicht kugelsymmetrisch zur Sonne angeordnet sind. Diese Vorstellung rettete den Vorrang der Sonne und wies dem Schöpfergott eine neue Art von Symmetrie als Werk zu.

Eine Zusammenfassung von Wrights Hypothese in einer deutschen Zeitschrift bildete die Grundlage von Immanuel Kants *Allgemeine Naturgeschichte und Theorie des Himmels*, die 1755 erschien.[93] Diese Bücher gab es schon dreißig Jahre, bevor Herschel seine Durchmusterungen anfing, aber er erwähnte sie in seinen Schriften nicht. Angesichts der Ähnlichkeit seiner eigenen Folgerungen wurde die Frage aufgeworfen, ob er von der Existenz dieser Hypothesen gewußt habe. Hoskin stellt in einer neuen Untersuchung über Herschel fest, daß dieser bestimmt ein Exemplar von Wrights Buch besessen hat, kommt aber zu dem Ergebnis, daß Herschel dieses Buch vielleicht erst durchgesehen hat, als seine eigenen Studien über die Milchstraße schon weit vorangekommen waren, „so daß er daraus wenig zu lernen erwartete, und daß diese seine Erwartungen sich bestätigten".[94] Auf jeden Fall wurden Herschels Resultate aus einer immensen Fülle von Beobachtungsdaten hergeleitet, wie sie seinen Vorgängern nicht zur Verfügung gestanden hatte.

Die grundlegende Schwierigkeit zur Erlangung irgendwelcher wissenschaftlicher Folgerungen aus dem Studium der Sterne lag im achtzehnten Jahrhundert darin, daß es keine Möglichkeit gab, ihre Entfernungen zu messen. Nachdem die Diskussionen der Zeit von Copernicus und Galilei abgeklungen waren, waren sich die Astronomen bald darüber im klaren, daß die Bewegung der Erde um die Sonne ihnen eine mobile Plattform mit einer sehr großen Meßbasis lieferte, durch welche es möglich sein müßte, die parallaktische Verschiebung der näheren Sterne zu entdecken und so nach einfachen trigonometrischen Regeln ihre Entfernungen zu bestimmen. Der Optimismus früher Versuche in dieser Richtung beruhte auf völliger Unkenntnis der tatsächlichen Sternentfernungen; und schon lange vor Herschel waren viele Beobachter gescheitert. Um einen Begriff von der Größenordnung zu bekommen, um die es dabei geht, sei erwähnt, daß die parallaktische Verschiebung selbst des der Sonne nächsten Sterns einer Verschiebung des Bildes um nur 0,03 mm im Focus eines Teleskops von 4 m Brennweite entspricht, wenn man den Stern von zwei Punkten aus beobachtet, die um den Durchmesser der Erdbahn von rund 300 Millionen km von einander entfernt liegen. Eine solche Präzision lag weit außerhalb dessen, was für Herschel oder jeden anderen Astronomen im achtzehnten Jahrhundert erreichbar war. Allerdings führten Versuche, die Parallaxe zu messen, beiläufig zu anderen wichtigen Entdeckungen.

Herschel glaubte sicher, mit seinen überlegenen Teleskopen eine Methode zur Parallaxenmessung finden zu können. Vielen Schwierigkeiten hoffte er durch Messung von Doppelsternen begegnen zu können, also von Sternen, die, wie man damals meinte, nur zufällig am Himmel als enge Paare erschienen. Herschels Plan war, Präzisionsmessungen der Distanz solcher Sternpaare während eines ganzen Jahres auszuführen, in der Hoffnung, daß die parallaktische Verschiebung des einen Sterns größer sein würde als die seines schwächeren, vermutlich weiter entfernten Begleiters. Diese Methode trug er 1782 der Royal Academy vor[95] und stellte seinen ersten Katalog von 269 Doppelsternen zusammen. Es entstanden sofort Diskussionen über seine Annahme, daß die Sterne ungefähr die Größe und Leuchtkraft der Sonne hätten und die Unterschiede ihrer scheinbaren Helligkeiten demzufolge völlig auf unterschiedliche Entfernungen zurückzuführen wären. Maskelyne und das Komitee der Royal Society schrieben in ihren Kommentaren zu dem Papier, daß dies Postulat ihrer Meinung nach eindeutig falsch wäre. Herschel wurde auf eine etwas frühere Veröffentlichung des Geistlichen John Michell verwiesen,[96] worin der Autor aufgrund von Versuchen, die unterschiedlichen Helligkeiten von Sternen zu schätzen, zum gegenteiligen Standpunkt gekommen war wie Herschel, der die scheinbare Helligkeit linear mit der Entfernung eines Sterns verknüpft sah.

Michells Arbeit enthielt auch einen noch grundsätzlicheren Einwand gegen Herschels Meinung, daß Doppelsterne nur zufällige Gruppierungen eines nahen und eines entfernten Objekts wären. Schon fast fünfzig Jahre zuvor hatte Edmond Halley die Annahme einer gleichmäßigen räumlichen Verteilung der Sterne im Weltraum geprüft. Es war ihm gelungen abzuschätzen, wie die Anzahlen der Sterne zunehmen müßten, wenn ihre Entfernung von der Sonne immer größer würde. Auf Halleys Daten fußend hatte Michell die Häufigkeit *zufälliger* Gruppierungen von zwei Sternen des von Herschel untersuchten Typs berechnet – mit dem Ergebnis, daß Doppelsterne als Zufallserscheinungen ungeheuer unwahrscheinlich sein müßten.

Nach der Publikation von Herschels Arbeiten übermittelte Michell der Royal Society eine Note, in der er schrieb: „Es ist nicht unwahrscheinlich, daß uns einige Jahre davon in Kenntnis setzen werden, daß manche aus der großen Anzahl von doppelten, dreifachen usw. Sternen, die Mr. Herschel beobachtet hat, Systeme von Körpern sind, die umeinander laufen.“[97] Michell hatte recht. Herschel wandte sich mehr als zwanzig Jahre später, als seine großen Himmelsdurchmusterungen abgeschlossen waren, wieder der Messung von Doppelsternen zu und fand, daß sich ihre relativen Positionen geändert hatten, so wie Michell es vorausgesagt hatte. Zwar war Herschels Versuch, Doppelsterne für Parallaxenmessungen zu verwenden, gescheitert; aber durch Zufall hatte er den ersten, auf Beobachtungen beruhenden Nachweis dafür geliefert, daß es „echte“ Doppelsterne gibt, die als Paare nach dem Newtonschen Gravitationsgesetz des reziproken Quadrates einander umrunden.[98]

Herschels Arbeiten über Doppelsterne – seine Verzeichnisse umfaßten schließlich 848 Fälle – hatten zwar entgegen der ursprünglichen Absicht nicht zur Entfernungsmessung geführt, waren aber in einer anderen Hinsicht erfolgreich. In seiner Ausgangsveröffentlichung über Parallaxen von 1782 hatte Herschel den Gedanken geäußert, Messungen an solchen Sternen könnten auch dazu dienen, eine räumliche Bewegung des Beobachters zu entdecken, an der die Doppelsterne nicht teilhätten – mit anderen Worten: die Bewegung des Sonnensystems durch den Weltraum. Diese Gedanken waren nicht grundsätzlich neu; die Schwierigkeit lag darin, die Eigenbewegungen der Sterne im Raum von den durch die Bewegung des Sonnensystems bewirkten scheinbaren Bewegungen zu trennen. Dieses Problem verfolgte Herschel viele Jahre lang, fast bis hin zu seinen allerletzten Veröffentlichungen und vielen kritischen Stimmen zum Trotz. Er kam zu dem Ergebnis, daß sich die Sonne auf den Stern Lambda Herculis zu bewegt. Das stimmt innerhalb der Genauigkeitsgrenzen mit modernen Messungen überein.

Die Entdeckung echter Doppelsternsysteme und die Ermittlung der Sonnenbewegung waren an sich Nebenprodukte der unhaltbaren Idee, Doppelsterne könnten für Parallaxenmessungen dienen. Herschel beharrte in seiner Arbeit über die Struktur der Milchstraße auf seiner Annahme, daß Helligkeit und Nähe eines Sterns gleichzusetzen wären. Gewiß benutzt der moderne Astronom dieses Prinzip tatsächlich oft, um die Entfernungen von Sternen durch Vergleich ihrer scheinbaren Helligkeiten zu ermitteln; aber Sterne, die dafür herangezogen werden, gehören zu Kategorien, die sorgfältig aufgrund ihres Spektraltyps oder anderer Merkmale ausgewählt werden, um ihnen zuversichtlich die gleiche absolute Helligkeit zuordnen zu können. Was Herschel noch nicht wissen konnte, uns aber geläufig ist, liegt in der Erkenntnis, daß innerhalb der Gesamtheit aller Sterne eine ungeheure Variation ihrer wahren Leuchtkraft besteht; manche sind millionenfach heller als die Sonne, und manche wieder tausendfach lichtschwächer. Wenn man das bedenkt, erscheint es um so beachtlicher, daß Herschel überhaupt Fortschritte erzielen konnte mit Schlüssen, die auf einer Annahme beruhten, in der Fehler vom Faktor der Größenordnung einer Milliarde steckten.

Herschel bezeichnete seine Methode als Sterneichungen (*Gaging the Heavens, Star-Gage*). Es war eine Pionierleistung hinsichtlich der Materialsammlung über Sterne und seiner statistischen Verarbeitung. Dieses Mammutunternehmen wurde unbarmherzig in jeder klaren Nacht betrieben und unter primitiven Bedingungen, mit Herschels Schwester Caroline als Schreibhilfe. Das Verfahren bestand darin, die Sterne in zehn dicht benachbarten Gesichtsfeldern des Teleskops zu zählen, um dadurch einen Mittelwert für ihre Anzahl in der betreffenden Richtung am Himmel zu bekommen. Für die Verteilung um die Sonne konstruierte Herschel Strahlenwege, deren Länge den Eichwerten in der jeweiligen Richtung entsprach. Die Endpunkte dieser Strecken umrissen dann die Grenze der Sternschicht.

In seiner zweiten Arbeit über die Struktur des Himmels schrieb Herschel 1785 über die Milchstraße, er hätte „jetzt diese leuchtende Zone in fast jeder Richtung betrachtet und geeicht und gefunden daß sie aus Sternen bestehe, deren Anzahl gemäß diesen Zählungen ständig proportional ihrer scheinbaren Helligkeit für das bloße Auge zunimmt.“ In dieser historischen Arbeit gab Herschel eine ins einzelne gehende Analyse der Eichungen und ihrer Übertragung auf die Ableitung der Struktur der Milchstraße. Dabei bemerkte er: „Im dichtest besetzten Teil der Milchstraße hatte ich Gesichtsfelder mit nicht weniger als 588 Sternen; und diese erstreckten sich über viele Minuten, so daß binnen einer Viertelstunde nicht weniger als 116000 Sterne durch das Blickfeld meines Teleskops zogen.“ Er beschrieb die Milchstraße als einen Nebel aus „einer sehr ausgedehnten, verzweigten, zusammengesetzten Anhäufung (*Congeries*) vieler Millionen von Sternen.“ Er machte die Bemerkung, daß alle mit dem unbewaffneten Auge sichtbaren Sterne in einer sehr kleinen Sphäre rings um den Zentralstern, für den er die Sonne hielt, enthalten wären. Herschels Schema für die Struktur der Milchstraße war dem von Thomas Wright in gewisser Weise ähnlich; aber mit dem wichtigen Unterschied, daß, während sich bei Wright die diskusartige Scheibe in die Unendlichkeit erstreckte, Herschel zu dem Schluß gekommen war, die Sterne wären in einem Bereich eingeschlossen, der etwa einem flachen, rechtwinkligen Kasten ähnelte, der fünfmal länger als dick wäre.

Herschels Leistung bei der Gewinnung einer wenigstens angenäherten Vorstellung von der Struktur der Milchstraße durch das Prinzip der Sterneichungen rückt in das rechte Licht, wenn wir bedenken, daß es fast 150 Jahre lang keinen weiteren wesentlichen Fortschritt in dieser Hinsicht gegeben hat. Die Ergebnisse seiner Sternzählungen widerlegten die Idee einer sphärischen Symmetrie der Milchstraße und lieferten eine gewisse Vorstellung von der Gestalt des Systems. Aber obwohl Herschel auch die Kugelsternhaufen katalogisierte und deren asymmetrische Verteilung zur Sonne bemerkt haben muß, ist es erstaunlich, daß weder er selbst noch irgendein Astronom des folgenden Jahrhunderts die unausweichliche Bedeutung dieser Asymmetrie erkannt hat, bis Shapley 140 Jahre nach der Veröffentlichung von Herschels Messungen darauf kam.

Das Problem der Nebel

Schon lange, bevor Herschel ihm seine Aufmerksamkeit zuwandte, war das Problem der Nebel oder der offenbar leuchtenden Wolken, die in der Milchstraße zu sehen sind, Gegenstand wissenschaftlicher Auseinandersetzungen gewesen. Viele Gebiete, die dem freien Auge als leuchtende Wolken erscheinen, werden von kleinen Teleskopen in Sterne aufgelöst. Dies hatte Galilei früh im siebzehnten Jahrhundert gezeigt und damit die Annahme gestützt, alle solchen Nebel könnten mit einem hinreichend starken Instrument aufgelöst werden. Ehe Herschel seine Untersuchungen begann, vertrat Edmond Halley die gegenteilige Ansicht, daß nämlich die Nebel in ihrem „eigenen Glanz" strahlen. Michell seinerseits meinte, die Nebel bestünden doch aus Sternen, und solche Nebel, „in denen wir entweder gar keinen, oder nur wenige Sterne entdecken können, selbst mit Hilfe der besten Teleskope, seien wahrscheinlich Systeme, die noch weiter entfernt sind als die übrigen." Michell gründete seine Meinung auf eine statistische Untersuchung der Abmessungen und Helligkeit der nicht aufgelösten Nebel und auf eine festere wissenschaftliche Basis als die weithin bekannteren Ansichten von Thomas Wright, Immanuel Kant und Johann Lambert,[99] welche alle dafür eintraten, daß die Nebel Sternsysteme wären, wahrscheinlich in weiter Entfernung von der Milchstraße.

Um die Mitte des achtzehnten Jahrhunderts begannen gedruckte Nebelkataloge zu erscheinen. La Caille[100] publizierte 1755 eine Liste von 42 Nebeln; Messiers Katalog von 103 Objekten, der heute noch unter seinem Namen bekannt ist, erschien 1780 und 1781.[101] Dadurch, daß Herschel den Messier-Katalog von William Watson zum Geschenk erhielt, wurde er zu seinen Himmelsdurchmusterungen mit dem Zwanzig-Fuß-Reflektor angeregt. Als Herschel dann am 17. Juni 1784 das erste seiner drei Papiere über die *Construction of the heavens* vor der Royal Society verlas, zeigte er sich von der Kraft seines neuen Teleskops deutlich begeistert:

„Die ausgezeichnete Sammlung von Nebeln und Sternhaufen, die kürzlich in der *Connaissance des Temps* (maßgebendes französisches astronomisches Jahrbuch; A.d.Ü.) für 1783 und 1784 geboten wurde, führt mich zu einem Gegenstand, der wirklich einen neuen Anblick des Himmels eröffnen muß. Sobald ich den ersten dieser Bände in die Hand bekam, setzte ich meinen früheren Zwanzig-Fuß-Reflektor von zwölf Zoll Öffnung darauf an. Ich sah mit größtem Vergnügen, daß die meisten der Nebel, die ich in passender

Situation beobachten konnte, sich der Macht meiner Lichtstärke und Vergrößerung beugen mußten und in Sterne aufgelöst wurden."

Die Überlegenheit von Herschels Teleskopen gegenüber allen bis dahin benutzten macht diese spätere Stelle deutlich:

„Als ich meine gegenwärtige Beobachtungsreihe begann, räumte ich ein, daß etliche Nebel noch unentdeckt bleiben konnten mangels hinreichenden Lichtes, um sie zu bemerken: deshalb hoffte ich, die Zahl der bereits verzeichneten Sternhaufen und Nebel, die in dem zuvor genannten Werk enthalten sind und 103 ausmachen, mit Vorteil zu erhöhen. Das Ergebnis hat meine Erwartungen als wohl begründet erwiesen; denn ich habe schon 466 neue Nebel und Sternhaufen gefunden, von denen keiner meines Wissens zuvor von jemandem gesehen wurde. Tatsächlich sind die meisten von ihnen auch nicht mit den besten heute allgemein gebrauchten Teleskopen zu erfassen."

Schließlich belief sich Herschels Nebelkatalog auf 2500 Objekte. Seine Zuversicht, daß alle in Sterne auflösbar sein müßten, führte ihn rasch zu der Behauptung, die Nebel wären Sternanhäufungen nach Art der Milchstraße, die aber als getrennte Systeme existierten. Obwohl man darüber streiten kann, ob Herschels Zuversicht hier voll am Platze war, ist es keine Frage, daß er bald genötigt war, die Nebel in verschiedene Formen zu unterteilen. Dabei gab es zwei besondere Schwierigkeiten. In dem zweiten Durchmusterungsbericht erwähnt er eine Anzahl von Objekten, wie den Orion-Nebel, deren Auflösung in Sterne ihm unmöglich war. Aber er kam zu dem Schluß, daß es sich dabei um sehr entfernte Sternsysteme handeln müßte, die „nicht anders als von wunderbarer Größe sein können und unsere Milchstraße an Großartigkeit durchaus wohl übertreffen möchten." Eine noch größere Schwierigkeit trat auf, als er „planetarische Nebel" entdeckte: „Einige Himmelskörper, die mich wegen ihrer einzigartigen Erscheinung fast in Zweifel lassen, wo sie einzuordnen sind.“ Am 10. Februar 1791 berichtete Herschel der Royal Society:

„13. November 1790. Ein höchst einzigartiges Phänomen! Ein Stern von etwa der 8. Größe, mit einer schwach leuchtenden Atmosphäre, von kreisförmiger Gestalt und ungefähr 3 Bogenminuten Durchmesser. Der Stern befindet sich genau im Zentrum, und die Atmosphäre ist so verdünnt, schwach und durchaus gleich, daß man nicht annehmen kann, sie bestünde aus Sternen; noch kann irgendein Zweifel an der offenkundigen Verbindung zwischen der Atmosphäre und dem Stern bestehen. [Er konnte seine Überzeugung von der Auflösbarkeit aller Nebel in Sterne nicht länger aufrechterhalten, weil er einen Stern gefunden hatte] ... in ein leuchtendes Fluidum gehüllt und von einer uns völlig unbekannten Natur ... Größere Perspektiven könnten aus diesem Beweis der Existenz einer leuchtenden Materie gewonnen werden. Vielleicht war es voreilig anzunehmen, daß alle milchig nebligen Objekte, deren es so viele am Himmel gibt, nur durch Sternlicht bewirkt werden. Diese nebligen Sterne können als ein Schlüssel zur Entschleierung anderer mysteriöser Erscheinungen dienen.“[102]

Im Lichte unseres heutigen Wissens können wir nur große Bewunderung, gepaart mit Sympathie, empfinden angesichts der gewaltigen Aufgabe, die Herschel angepackt hat. Er war weit genug und mit hinreichender optischer Feinheit der Abbildung in den Raum vorgestoßen, um Phänomene zu entdecken, deren Aufklärung jenseits der Möglichkeiten der Astronomie und Physik des achtzehnten und neunzehnten Jahrhunderts lag. Heute wissen wir, daß der im Messier-Katalog benutzte Ausdruck „Nebel“ für 103 Objekte (wodurch Herschels Durchmusterungen angeregt wurden) einen weiten Bereich völlig verschiedener astronomischer Körper umfaßt. Es gibt darunter Objekte, die in Sterne auflösbar sind, wie auch Herschel annahm: die extragalaktischen Nebel. Aber der Katalog verzeichnet auch kugelförmige Sternhaufen (von denen wir jetzt wissen, daß sie im Bereich der Milchstraße liegen), echte Gasnebel wie den im Orion, und die Gasnebel, welche Überreste von Supernova-Ereignissen in der Milchstraße sind. Erst 1926 wurden diese verschiedenen Gebilde endgültig klar erkannt.

Eine hervorragende praktische Anstrengung, um Herschels Ideen weiterzuführen, machte der dritte Earl of Rosse im irischen Birr. Herschels 48-Zoll-Teleskop hatte niemals befriedigend funktioniert, aber 1845 nahm Rosse einen Reflektor von 72 Zoll (182 cm) Öffnung in Betrieb, den er selbst gebaut hatte. Wie Herschel konnte auch er nicht den Orion-Nebel in Sterne auflösen, aber viele andere Nebel erwiesen sich als auflösbar und zeigten eine ausgeprägte Spiralstruktur. Da es keine Möglichkeiten gab, ihre Entfernungen zu schätzen, kam Rosse nicht auf die richtige Lösung, daß sie außerhalb der Milchstraße liegen, sondern hielt diese Spiralen für Sternhaufen innerhalb derselben.

Die Auffassung, daß es überhaupt Nebel gäbe, die extragalaktische Sternsysteme sind, erlitt einen argen Rückschlag, als 1863 William Huggins die neuen spektroskopischen Verfahren auf die Nebelforschung anwandte. In einem Abendvortrag vor der Royal Institution am 19. Mai 1865 sagte er:

„Abgesehen von den Sternen ist der Himmel übersät mit schwach leuchtenden wolkenartigen Flecken, die oft seltsame und phantastische Formen zeigen. Zwischen 5000 und 6000 solcher sogenannten *Nebel* sind bekannt. Was ist die Natur dieser fremdartigen Objekte? Dichte Schwärme von Sonnen, die wegen ihrer enormen Entfernung zu einer Masse verschmelzen? Chaotische Massen der Urmaterie des Universums? Die Teleskope allein würden diese Fragen nicht beantworten können, und die Untersuchung so lichtschwacher Objekte mit dem Prisma erscheint hoffnnungslos. Im vergangenen August hat der Redner sein mit dem Spektralapparat ausgerüstetes Teleskop auf einen kleinen, aber verhältnismäßig hellen Nebel gerichtet. Seine Überraschung war groß, als er beobachtete, wie anstelle eines Bandes farbigen Lichts, wie sich das Spektrum eines Sterns zeigen würde, das Licht dieses Objekts in drei hellen, bläulichgrünen Linien konzentriert blieb, die durch dunkle Zwischenräume getrennt waren. Diese Art von Spektrum zeigte, daß die Lichtquelle ein leuchtendes *Gas* war."[103]

Ironischerweise schienen die Folgerungen von Rosse, der die Nebel mit dem damals größten Teleskop der Welt beobachtet hatte, und die Arbeit von Huggins, der zufälligerweise einen Nebel ausgesucht hatte, der tatsächlich aus leuchtendem Gas innerhalb der Milchstraße bestand, schlüssiges Beweismaterial gegen die extragalaktische Idee zu liefern und damit die wichtigsten Annahmen Herschels zu widerlegen. Zu Ende des neunzehnten Jahrhunderts schrieb Agnes Clerke, eine berühmte Historikerin, die Frage „bedarf kaum weiterer Diskussion – kein kompetenter Denker kann jetzt, angesichts des gesamten Beweismaterials, gewißlich behaupten, daß irgendein einzelner Nebel ein Sternsystem wäre, dessen Rang der Milchstraße vergleichbar wäre."[104]

Als diese Streitfragen dann ein Jahrhundert nach Herschels Tod endgültig geklärt waren, zeigte es sich, daß ein jeder in einer gewissen Hinsicht im Laufe der vergangenen Jahrhunderte im Recht gewesen war. Manche Nebel konnten in Sterne aufgelöst werden und waren extragalaktisch, andere konnten nie aufgelöst werden und existierten als echte Gasnebel innerhalb des Systems der Milchstraße. Von all den Vorkämpfern in diesem langen Streit kam Herschel in seinen letzten Veröffentlichungen der Wahrheit am nächsten mit der Erkenntnis, daß nicht eine einzige, sondern mehrere Klassen von Nebeln existieren.

Während Herschels Lebzeiten beherrschte das mächtige Erbe Newtons mit seiner mechanistischen Betrachtung des Universums die wissenschaftliche Haltung. Die Größc Herschels kommt nirgends deutlicher zum Ausdruck als darin, daß er den Gedanken der Entwicklung in die Lehre vom Weltall einführte. Er hielt es für nötig, die Nebel in verschiedene Klassen zu unterteilen. Gegen Ende seiner zweiten Arbeit über die *Construction of the heavens* schrieb er:

„Falls es nicht vielleicht zu gewagt wäre, eine frühe Vermutung weiter zu verfolgen bezüglich etwas, das ich bildlich die Laboratorien des Universums nenne, dann könnten diese Sterne, welche diese außerordentlichen Nebel bilden, wenn sie durch irgendeinen Zerfall oder Verschleiß (*waste*) der Natur nicht mehr für ihre früheren Zwecke geeignet sind und ihre Geschoßkräfte, sofern sie je welche besaßen, durch wechselseitige Bremsung in ihren Atmosphären vermindert haben, schließlich zusammenstoßen und, entweder nacheinander, oder durch einen einzigen schrecklichen Stoß, sich zu einem neuen Körper vereinigen. Das außerordentliche und plötzliche Aufflammen eines neuen Sterns im Stuhl der Cassiopeia im Jahre 1572 könnte vielleicht von solcher Natur sein."

Hier finden wir einen bewundernswerten Scharfblick in der Idee, daß andere Kräfte als die der Gravitation für die Natur des Universums bestimmend sein könnten. Die Überlegung, Veränderungen im Weltall könnten durch Zusammenstöße von Sternen oder Abbremsung in den Atmosphären von Himmelskörpern bewirkt werden, war eine in die Zukunft weisende Schau von Vorgängen, deren Bedeutung erst in unserer Zeit erkannt worden ist. Herschel baute seine Theorie, wonach Nebel Ansammlungen von Sternen wären, die sich unter dem Einfluß von Anziehungskräften entwickeln und zusammenballen, noch weiter aus:

„Diese Methode, den Himmel zu betrachten, scheint ihn in ein neuartiges Licht zu rücken. Man sieht ihn jetzt wie einen üppigen Garten, der in verschiedenen Blütenbeeten die größte Mannigfaltigkeit von Erzeugnissen birgt; und zumindest ein Vorteil, den wir daraus gewinnen könnten, besteht darin, daß wir den Bereich unserer Erfahrung sozusagen auf eine ungeheure Zeitdauer erweitern können. Denn, um das Gleichnis weiterzuführen, das ich dem Pflanzenreich entlehnt habe, ist es nicht keineswegs dieselbe Sache, ob wir im Laufe unseres Lebens nacheinander Aussaat, Blüte, Blattwerk, Fruchtbarkeit, Verwelken, Vergehen und Verderben einer Pflanze beobachten, oder ob eine sehr große Anzahl von Exemplaren, die aus jedem Stadium ausgewählt wurden, das die Pflanze im Zuge ihrer Existenz durchläuft, gleichzeitig unserem Blick dargeboten wird?"

In seiner Erörterung der von ihm planetarische Nebel genannten Objekte (das sind Sterne, welche in nicht aufgelöste Nebelmassen gehüllt sind) hat Herschel die modernen Theorien der Sternentstehung in Gasnebeln vorausgesehen:

„Wenn also diese Materie selbstleuchtend ist, dann dürfte sie wohl eher für die Erzeugung eines Sterns in Betracht kommen als in ihrer Existenz von dem Stern abhängig zu sein."

Zu den größten Leistungen Herschels muß gezählt werden, daß er das Moment der Zeit als lebenswichtig für unser Verständnis der Natur des Universums eingeführt hat. In einer Arbeit, die er im Alter von sechsundsiebzig Jahren geschrieben hat, kommt die folgende Stelle über die Milchstraße vor:

„... denn der Zustand, in den die unablässige Wirkung der zusammenballenden Kraft sie jetzt gebracht hat, ist eine Art von Chronometer, mit dem die Zeit ihrer früheren und künftigen Existenz gemessen werden könnte; und obwohl wir das Gangtempo dieses mysteriösen Chronometers nicht kennen, steht doch fest, daß, da das Auseinanderbrechen der

Teile der Milchstraße beweist, daß sie nicht für immer existieren kann, dieses zugleich bezeugt, daß ihre Dauer in der Vergangenheit nicht als unendlich zugelassen werden kann."[105]

Seine vielleicht feinste Passage wurde zwölf Jahre zuvor geschrieben. Darin hat er richtig vorhergesehen und genau ausgedrückt, welche Rolle die Zeit spielt – eine Vorstellung, die für die Kosmologie des zwanzigsten Jahrhunderts von fundamentaler Bedeutung werden sollte:

„... ein Teleskop, das so wie mein vierzigfüßiges in den Raum vordringen kann, hat auch sozusagen die Kraft, irgendwie in die Vergangenheit einzudringen. Um das zu erklären, müssen wir bedenken: wenn man aufgrund der bekannten Geschwindigkeit des Lichts beweisen kann, daß die in das Auge eintretenden Strahlen bei der Beobachtung des Sirius nicht weniger als 6 Jahre und 4½ Monate[106] für den Weg vom Stern zum Beobachter gebraucht haben können, so folgt daraus: wenn wir ein Objekt in der berechneten Entfernung sehen, in der einer dieser sehr fernen Nebel noch wahrgenommen werden kann, so müssen die Lichtstrahlen, welche sein Bild zum Auge tragen, ... fast zwei Millionen Jahre unterwegs gewesen sein. Folglich muß dieses Objekt bereits vor so langer Zeit im Sternhimmel existiert haben, um jene Strahlen aussenden zu können, in denen wir es jetzt sehen ..."

Abgesehen von diesen Reihenbeobachtungen des Himmels entdeckte Herschel die Existenz infraroter Strahlung von der Sonne im Jahre 1800 und erschloß damit der Beobachtung den Weg zur ersten Ausdehnung des elektromagnetischen Spektrums über den sichtbaren Bereich hinaus.[107] Er starb 1822 nach einer Laufbahn als Musiker und als Astronom, in der er zu mannigfaltigen Schlußfolgerungen über das Weltall gekommen war, von denen die meisten erst hundert Jahre nach seinem Tode allgemein als richtig anerkannt wurden.

10. Die Größe des Weltalls: Erde und Sonnensystem

Die Bestimmung der Größe der Erde und ihrer Entfernung von den Planeten und Sternen hat sich bei der Entwicklung kosmologischer Vorstellungen als überaus schwierig erwiesen. In vielen Fällen haben diese Messungen, wenn sie schließlich erfolgreich waren, besonders hinsichtlich der Entfernung der Sterne, erst in der Milchstraße und dann in Nebeln, zu Umwälzungen des kosmologischen Denkens geführt. Selbst das verhältnismäßig einfache lokale Problem von Entfernungsbestimmungen im Sonnensystem ist erst neuerdings gemeistert worden. Grundsätzlicher Ausgangspunkt für alle diese Messungen ist die Größe der Erde.

Größe und Gestalt der Erde

Aristoteles hat in seinen *Meteorologika* die Größe der Erde erörtert. Dikaiarchos von Messina, ein Schüler von ihm, der von 350 bis 290 v. Chr. gelebt hat, war ein berühmter griechischer Geograph, aber seine Zahlenwerte für die Größe der Erde sind grobe Unterschätzungen. Es gibt keine Aufzeichnungen über tatsächliche Versuche zur Erdmessung bis zur Bestimmung ihres Umfangs durch Eratosthenes von Kyrene im dritten Jahrhundert v. Chr. Dieser Gelehrte war durch Ptolemaios III. Euergetes von Athen nach Alexandria geholt worden, um den künftigen Ptolemaios IV. Philopator zu erziehen und der großen Bibliothek vorzustehen. Eratosthenes glänzte in vielen Disziplinen, aber es sind nur wenige seiner wissenschaftlichen Schriften erhalten. Kleomedes[108] verdanken wir die Beschreibung einer Methode, mit der Eratosthenes den Erdumfang gemessen hat – einer Methode, deren Prinzip sich bis in moderne Zeiten erhalten hat.

Eratosthenes schätzte die Länge des durch Alexandria und Syene (Assuan) führenden Großkreisbogens. Die Entfernung zwischen diesen Städten war durch ägyptische Landmesser bestimmt worden. Ferner wußte man, daß am Tag der Sommersonnenwende die Sonne in Syene direkt im Zenit stand, weil sie keinen Schatten warf. Deshalb errichtete Eratosthenes in Alexandria einen Gnomon und maß den Winkel, den die Sonnenstrahlen mit dem Lot bildeten, wenn sie in Syene im Zenit stand. Eine einfache geometrische Konstruktion zeigt, daß dieser Winkel gleich dem Winkel sein muß, welchen die beiden Städte vom Erdmittelpunkt aus miteinander bilden. Das Meßergebnis betrug 7,2 Grad, ein Fünfzigstel des Vollkreises. Also mußte die Entfernung zwischen Alexandria und Syene ein Fünfzigstel des Erdumfangs ausmachen. Dabei kam der Umstand zu Hilfe, daß beide fast genau nordsüdlich auf dem gleichen Meridian liegen. Ihre Entfernung auf der Erdoberfläche war zu 5000 Stadien angegeben; also ergab sich der Erdumfang zu 250 000 Stadien. Da Eratosthenes wahrscheinlich das ägyptische Stadion von 516,73 Fuß (157,5 m) benutzte, ergeben sich 39 688,6 km. Diese Zahl käme dem heute bekannten Wert für den Äquatorumfang der Erde von 40 076,6 km erstaunlich nahe.[109]

Diese Messung von Eratosthenes wurde fast zweitausend Jahre lang nicht wesentlich verbessert. Im letzten Jahrhundert v. Chr. glaubte Poseidonios von Apameia einen Fortschritt erzielt zu haben. Als Basis benutzte er die Entfernung zwischen Rhodos und Alexandria, die nach der Fahrzeit eines Schiffs zu 5000 Stadien bestimmt war. Das ist allerdings um 25% zu hoch; aber andererseits beging Poseidonios auch einen Fehler bei der Messung des Winkels zwischen den Sonnenstrahlen in Alexandria und Rhodos. Dieser hätte 5,25 Grad betragen müssen, Poseidonios maß aber 7,5

Grad, gleich dem Achtundvierzigstel eines Großkreises. Das Ergebnis betrug laut Kleomedes 240000 Stadien (37800 km), was auch von der Wahrheit nicht allzu sehr abwich, da sich zwei Meßfehler zum Teil kompensiert hatten. Im neunten Jahrhundert n. Chr. wurden in Arabien Versuche zur Erdmessung angestellt. Der Kalif al-Ma'mun (786–833) gründete in Bagdad eine Akademie der Wissenschaften und förderte viele Forschungsunternehmen, darunter auch den Versuch, den Erdumfang durch Auslegung einer Basislinie mit Holzlatten auf dem Zinjar-Plateau nahe Bagdad zu messen. Die Winkel der Sonnenstrahlen wurden auch genauer gemessen als vorher; und der Wert für den Erdumfang war nur um 3,6% zu hoch. Das ist wahrscheinlich die erste exakte Messung gewesen, im Unterschied zu einem zufälligen Ausgleich zweier Fehler, der bei Eratosthenes und Poseidonios letztlich vernünftige Ergebnisse geliefert hat.

Später, im Mittelalter, kamen grobe Fehler in die Messung. Der bedeutendste entsprang einer theologischen Lösung des Problems, die zu beachtlichen Konsequenzen führte. Der Kardinal Pierre d'Ailly[110] glaubte, die Größe der Erde könnte aus Informationen in den Apokryphen der Bibel abgeleitet werden. Das 6. Kapitel des 2. Buches Esra faßt das Schöpfungswerk zusammen.[111] Der Kardinal sah darin Angaben von einer nicht in Frage zu stellenden Autorität und argumentierte: wenn nur ein Siebentel der Erdoberfläche Wasser war, könnte der Ozean zwischen Europa und der Ostküste Asiens nicht sehr breit sein.[112] Da d'Ailly die Ausdehnung des Festlandes zu kennen glaubte, kam er zu dem Ergebnis, die Erde müsse viel kleiner sein, als man allgemein glaubte. Das betonte er in seinem Buch *Imago mundi* (Bild der Welt), von dem ein Exemplar in die Hände von Columbus geriet, als er seine Seereisen nach Westen plante. Dieses Werk bestärkte ihn in der Annahme, die Fahrtstrecke nach Marco Polos Land Zipango in Asien sei über den Ozean nur kurz. Wenn Columbus seine Schätzungen auf die fast korrekten griechischen Werte für die Größe der Erde gegründet hätte, so würde er interessanterweise wohl kaum Unterstützung gefunden haben, noch hätte er überhaupt die Reise in Angriff genommen, die fast alle geographischen Vorstellungen widerlegen sollte, die auf religiösen Büchern basierten.[113]

Schließlich verliehen im siebzehnten Jahrhundert zeitgenössische Beobachtungsverfahren, die auf dem Prinzip des Eratosthenes beruhten, der Erdmessung einen höheren Grad an Genauigkeit. Basislinien wurden durch Triangulation mit Hilfe von Theodoliten bestimmt, und Teleskope dienten zur Messung des Zenitwinkels eines Sterns im Meridiandurchgang. Der 1629 in Holland geborene Christiaan Huygens verbesserte die in Fernrohren benutzten Linsen bedeutend und erzielte damit Leistungen, die denen der Instrumente Galileis weit überlegen waren. Als er kaum dreißig Jahre alt war, erfand er ein neues zweilinsiges Fernrohrokular. Er war auch der erste, der eine Pendeluhr baute. Die folgerichtige Entwicklung zu höherer Genauigkeit führte bald zum Bedürfnis, mit entsprechendem Gerät Präzisionsmessungen der Richtung auszuführen, in die ein Teleskop zeigte. Fast gleichzeitig erfanden Francesco Generini in Frankreich, William Gascoigne in England und Geminiano Montanari in Bologna um 1640 ein Fadenmikrometer für Fernrohre zur Bestimmung der Winkeldistanzen zwischen benachbarten Sternen. Danach versah Jean Picard vom Pariser Observatorium das Teleskop mit einem Teilkreis.

Picard war 1620 geboren und zusammen mit Adrien Auzout, auch einem Pariser, ein Pionier auf dem Gebiet der Ausrüstung von Teleskopen mit astronomischen Meßinstrumenten. Als erster benutzte Picard ein solches Fernrohr zusammen mit einer genauen Uhr für die Beobachtung der Meridianpassagen von Sternen. Damit führte er die moderne Methode zur Bestimmung von Rektaszensionen ein. In

Nordfrankreich wandte Picard 1671 seine Technik an, um erstmals einen Meridianbogen mit hoher Genauigkeit auszumessen und damit die Größe der Erde besser zu bestimmen. Picards Ergebnis ermöglichte es Newton, eine Unstimmigkeit zu beseitigen, die aufgetreten war, als er die bis dahin verfügbaren Werte einsetzte, um das Gesetz des reziproken Quadrats der Entfernung auf die Bewegung des Mondes und den freien Fall auf der Erdoberfläche anzuwenden.

Sieben Jahre zuvor hatte Picard die Aufmerksamkeit von Ludwig XIV. auf den Mangel an astronomischen Instrumenten in seinem Reich gerichtet und ihn damit zur Errichtung jener Bauten veranlaßt, die bald als das Pariser Observatorium berühmt wurden. Im Jahr 1668 lud Ludwig XIV. Cassini nach Paris ein. Giovanni Domenico Cassini war der erste unter den Cassinis, die fast zweihundert Jahre lang die Tätigkeit des Observatoriums mit bestimmt haben. Er war 1625 im italienischen Perinaldo geboren und wurde mit fünfundzwanzig Jahren zum Professor für Astronomie an der Universität Bologna ernannt. Dort blieb er neunzehn Jahre lang und zeichnete sich, abgesehen von seiner Tätigkeit als Astronom, durch viele Aktivitäten aus, besonders in der Hydraulik und bei militärischen Problemen. Als er von Ludwig XIV. nach Paris berufen wurde, kam er dort im April 1669 an, als das Observatorium im Bau war. Bis zu seiner Erblindung 1710 (er starb 1712) beherrschte er die Arbeit dieses Instituts. Ihm folgte sein Sohn Giacomo (Jacques) Cassini (1677–1756). Einer von dessen drei Söhnen, César François (geboren 1714) wurde 1771 zum ersten Direktor des Observatoriums ernannt.[115] Zu den vielen bedeutenden Beobachtungsleistungen des ersten Cassini gehörte die Ausdehnung von Picards Messungen eines Meridianbogens auf das ganze Königreich. Mit Hilfe vieler Helfer führte er den „Meridian von Frankreich“ ein und publizierte diese neuen, genauen Messungen im Alter von fünfundsiebzig Jahren in einem

Werk *Über die Größe und Form der Erde.* Giacomo führte diese Arbeiten fort und maß 1718, unterstützt durch Maraldi und de la Hire, den Bogen zwischen Dünkirchen und Montdidier, womit er das Werk seines Vaters über den Meridian von Frankreich zum Abschluß brachte.

Während dieser Periode kam es zu Schwierigkeiten, weil die verschiedenen Werte, die man für die Größe der Erde erhalten hatte, nicht miteinander vereinbar waren. Huygens hatte 1673 in seinem *Horologium oscillatorium* die Beziehung zwischen Schwingungsperiode und Länge eines einfachen Pendels bestimmt: die Periode ist gleich der Quadratwurzel aus der Länge, geteilt durch die Schwerebeschleunigung. Also würde, falls die Erde ein vollkommener Kugelkörper wäre, die Schwerkraft überall gleich und folglich auch die Länge eines Sekundenpendels überall dieselbe sein. Die Académie Française organisierte 1671 eine Expedition nach Cayenne in Französisch Guinea. Dort, unter 5 Grad Breite, zeigte sich, daß die Länge eines Pendels gegenüber der des unter 49 Grad Breite in Paris schwingenden verkürzt werden mußte, um zeitgleich zu schwingen. Diese Ergebnisse wurden 1684 zusammen mit den Messungen eines Meridianbogens von Picard publiziert und dienten Newton bei seiner Untersuchung der Erdfigur. Danach mußte die Erde ein abgeplattetes Sphäroid sein, also keine exakte Kugel, sondern mit einem Wulst am Äquator und abgeflacht an den Polen. Hiermit waren die Pendelmessungen in Cayenne einfach zu verstehen, indem nämlich die Schwerkraft in Äquatornähe geringer war, weil das Pendel einen größeren Abstand vom Erdmittelpunkt hatte und deshalb verkürzt werde mußte, um im gleichen Takt wie das in Paris zu schwingen.

Dieses Resultat wich von dem ab, was die Cassinis in Frankreich durch die Messung des Meridianbogens und bei verschiedenen Messungen unter Verwendung eines Pendels erhalten hatten. Die Cassinis waren zu dem Schluß gekommen, daß die Erde ein gestrecktes Sphäroid sein müsse, also am Äquator abgeflacht und an den Polen vorspringend. So wurde die Figur der Erde zu einem strittigen Thema, und 1735 beschloß die Académie Française, die Frage zu entscheiden. Es wurden Expeditionen entsandt, um zwei Meridianbögen zu messen, einen am Äquator und einen unter der höchsten zugänglichen geographischen Breite. Nach zehnjähriger Arbeit war ein Bogen von drei Grad nahe dem Äquator in Peru ausgemessen und einer von einem Grad in Nähe des Polarkreises in Lappland.[116] Die Ergebnisse ließen keinen Zweifel daran, daß die Länge des Meridiangrades mit der Breite zunahm. Damit war bestätigt, daß die Erde an den Polen abgeplattet war und die Gestalt eines leicht flachgedrückten Sphäroids hatte – einer Figur, die durch Rotation einer Ellipse um ihre kleine Achse entsteht. Dieses Resultat wurde, zusammen mit den Berechnungen Newtons, bald anerkannt.

Mehr als ein Jahrhundert war seit dieser Kontroverse vergangen, da wurde unser Wissen von Größe und Figur der Erde durch laufende Verbesserungen der Meßtechnik verfeinert. Es waren Theorien aufgestellt, um die Erdfigur mathematisch abzuleiten. Eine ruhende Erde würde wahrscheinlich vollkommene Kugelgestalt annehmen; aber die Erde rotiert mit einer Periode von vierundzwanzig Stunden, und unter dem vereinten Einfluß von Gravitations- und Zentrifugalkräften wird die Sphäre zu einem Sphäroid abgeflacht. Genaue Berechnungen waren angestellt unter den Annahme, daß die Erde innen plastisch wäre und in hydrostatischem Gleichgewicht stünde. Dabei ergab sich ein Abplattungsverhältnis von 1/299,8 als Bruchdifferenz zwischen Äquator- und Polradien. Die genauesten Messungen aufgrund von Bestimmungen der Schwerkraft an der Oberfläche, geodätischen Untersuchungen und der Mondbewegung ergaben einen Wert von 1/297. Dies bedeutete eine Abplattung der Erde in dem Sinne, daß der polare Durchmesser

12713, 824 km beträgt, der äquatoriale aber um nicht weniger als 43 km größer ist.

Seit 1957 haben künstliche Erdsatelliten eine bessere Methode zur Bestimmung der Abplattung geliefert. Der Äquatorwulst der Erde übt nämlich ein Drehmoment aus, welches den Satelliten in seiner Bahnebene um die Polachse in Präzession versetzt. Genaue Messungen beim zweiten sowjetischen Satelliten Sputnik 2, der im November 1957 gestartet wurde, deuteten auf eine Abplattung von etwa 1/298,2 hin, wonach die Differenz zwischen polarem und äquatorialem Durchmesser um rund 1,5 km kleiner wäre, als man zuvor gemeint hatte. Der amerikanische Satellit Vanguard 1, gestartet im März 1958, ermöglichte noch genauere Bestimmungen der Abplattung; und die Geophysiker waren genötigt anzunehmen, daß die Erde sich nicht im hydrostatischen Gleichgewicht befindet, sondern vielmehr im Innern fest genug ist, um die an der Basis des Mantels angreifenden Kräfte aufzunehmen, die durch die Abweichung von den Gleichgewichtsbedingungen auftreten. Bald gab es noch weitere Überraschungen, weil ins einzelne gehende Analysen von Satellitenbeobachtungen noch drei andere Abweichungen von einem abgeflachten Sphäroid erkennen ließen. Die Erde hatte „Birnenform“ mit einer Depression von 30 m am Südpol und einem Buckel von 10 m am Nordpol. Diese Unregelmäßigkeiten deuten auf große Scherkräfte im Erdinnern hin. Zum Beispiel läßt der Buckel am Nordpol Kräfte erkennen, die imstande wären, den Meeresspiegel auf einer dem Atlantischen Ozean vergleichbaren Fläche um etwa 10 m anzuheben.[117]

Dreihundert Jahre, nachdem man darüber gestritten hat, ob die Erde ein gestrecktes oder ein abgeflachtes Sphäroid wäre, kennen wir jetzt die Erdfigur auf 10 m genau. Wir sind wirklich weit fortgeschritten gegenüber der Zeit, da der heilige Augustinus, obwohl er den Nutzen der Wissenschaften betonte, gezwungen war, die Existenz von Antipoden zu bestreiten; oder da Basilios von Caesarea[118] erklärte, es wäre uninteressant, „ob die Erde eine Kugel, ein Zylinder oder eine Scheibe wäre, oder auch in der Mitte eingetieft wie ein Fächer."

Entfernungen von Sonne, Mond und Planeten

Im zweiten Jahrhundert v.Chr. war Aristarch von Samos vermutlich der erste Astronom, der sich an wirkliche Messungen der Entfernungen von Mond und Sonne herangewagt hat. Es hatte schon einige Jahrhunderte lang eine Anzahl von Spekulationen über die Größenordnung dieser Entfernungen gegeben. Zum Beispiel hatte Eudoxos aufgrund pythagoreischer Tonintervalle gefolgert, daß der Durchmesser der Sonne neunmal größer wäre als der des Mondes. Aristarchs Werk *„Über die Größen und Entfernungen der Sonne und des Mondes"* ist ein schönes Beispiel für die geometrischen Verfahren, welche die Grundlage der griechischen Astronomie bildeten. Wenn der Mond genau halb voll ist, bilden Erde und Sonne vom Monde aus genau einen rechten Winkel. Bei dieser Phase maß Aristarch den Winkel zwischen Mond und Sonne. Damit war die Gestalt des rechtwinkligen Dreiecks festgelegt, dessen Ecken von Mond, Erde und Sonne gebildet werden. Daraus ergab sich das Verhältnis der Entfernungen von Sonne und Mond.

Aristarch bestimmte den betreffenden Winkel zu 87 Grad, was für die Entfernungen von Sonne und Mond das Verhältnis 19 : 1 ergibt. Er wußte auch aus Finsternisbeobachtungen, daß Sonne und Mond von der Erde aus unter dem gleichen Winkeldurchmesser erscheinen. Daraus folgerte er, die Sonne müßte auch neunzehnmal so groß sein wie der Mond. Obwohl das Verfahren des Aristarch prinzipiell völlig in Ordnung ist, ist es aber schwierig, den wichtigen Winkel beim Halbmond zu messen. Es ist nicht nur schwierig, die Zentren von Sonne und Mond zu bestimmen, sondern Aristarch besaß auch keine Möglichkeiten zu wissen, wann der Mond genau halb voll ist. Nach modernen Messungen beträgt der Winkel bei der Erde 89° 51′ und nicht 87°, wie er es gemessen hat. Das gibt einen bedeutenden Unterschied im Verhältnis der Entfernungen: es lautet 400 : 1 und nicht 19 : 1, wie Aristarch herausgebracht hatte.

Beim Übergang von diesem Verhältnis zu wirklichen Entfernungen und Größen war Aristarch noch genialer. Eine Mondfinsternis erreicht dann ihre längste Dauer, wenn der Mond auf der Ekliptik steht und daher durch das Zentrum des Erdschattens läuft. Nun verglich Aristarch die Dauer der totalen Verfinsterung des Mondes mit dem Zeitintervall zwischen dem ersten Kontakt des Mondes mit dem Erdschatten und dem Moment des Eintritts der Totalität. Dabei fand er, daß beide Zeiträume gleich waren. Daraus schloß er, der Erdschatten (gemeint ist hier immer der Kernschatten) müßte in Mondentfernung doppelt so breit sein wie der Durchmesser des Mondes. Aristarch nahm die Messungen der Erdgröße von Eratosthenes an und berechnete in einer geometrischen Konstruktion die wirklichen Entfernungen (in Stadien) zum Mond und zur Sonne, sowie deren Durchmesser. Danach sollte der Monddurchmesser 0,36 von dem der Erde ausmachen (der moderne Wert ist 0,27) und der Sonnendurchmesser entsprechend 6,75 (richtig: 108,9) Erddurchmesser. Die Mondentfernung maß er zu 9,5 Erddurchmessern (statt 30,2) und die der Sonne zu 180 Erddurchmessern (in Wirklichkeit 11726). Obwohl Aristarch also die Größen und Entfernungen erheblich unterschätzte, stellte er doch richtig fest, daß die Sonne viel größer sein muß als die Erde, der Mond hingegen viel kleiner. Das hat ihn wahrscheinlich zur heliozentrischen Hypothese ermutigt, weil es unvernünftig erschienen wäre, daß der größere Körper (die Sonne) um den kleineren (die Erde) laufen sollte.

Nach diesen ersten Versuchen zur Messung von Entfernungen und Größen im Planetensystem wurde mehr als tausend Jahre hindurch nur ein geringer Fortschritt erzielt. Verbesserte Meßmethoden führten zu einer Korrektur der Zahlen nach oben durch Hipparch, der von 190 bis 120 v. Chr. gelebt hat. Er leistete an der Sternwarte, die er auf Rhodos gebaut hatte, viele wichtige Beiträge für den astronomischen Fortschritt, wovon besonders die Entdeckung der Präzession der Äquinoktien hervorzuheben ist. Die Genauigkeit seiner Messungen beruhte auf einer von ihm erfundenen neuen Form des Diopters, welche dem ursprünglichen Diopter von Archimedes weit überlegen war.[119] Aus Messungen mit diesem Instrument fand Hipparch, daß die von Aristarch erhaltenen Werte für Größe und Entfernung von Sonne und Mond viel zu klein waren. Während Aristarch den Durchmesser der Sonne zu 6,75 des Durchmessers der Erde angegeben hatte, bekam Hipparch 12,3 Erddurchmesser heraus. In ähnlicher Weise erhöhte er auch den Aristarch-Wert für die Sonnenentfernung von 180 auf 1254 Erddurchmesser.

Poseidonios hielt in der ersten Hälfte des ersten Jahrhunderts v. Chr. Vorlesungen auf Rhodos und muß die Arbeiten Hipparchs gut gekannt haben. Dennoch scheint seine weitere Korrektur nach oben für die Größen und Entfernungen eher auf einer Idee von Archimedes über die Größe der Sonnenbahn zu beruhen, als auf noch genaueren Messungen. Was aber auch immer seine Quelle gewesen sein mag – Poseidonios berechnete den Sonnendurchmesser zu 39,75 Erddurchmessern und die Entfernung zu 6550 Erddurchmessern. Damit erhielt er für die Größe der Sonne einen Wert, der ungefähr ein Drittel des modernen betrug und eine Entfernung, die noch um die Hälfte zu klein war. Es ist ein höchst heilsamer Gedanke, daß die Astronomen vor zweitausend Jahren die Abmessungen des Planetensystems viel genauer kannten, als wir von den Entfernungen der entlegenen Objekte im Weltall wissen, auf denen unsere moderne Kosmologie beruht.

Wenn auch jene Messungen und Abschätzungen durchaus nicht von dem Glauben an eine geozentrische oder heliozentrische Hypothese abhingen, so liegt es doch auf der Hand, daß es keinen Anreiz für radikal neue Meßverfahren gab, bis im siebzehnten Jahrhundert die heliozentrische Theorie sich durchgesetzt hatte. In der Zwischenzeit, während der eineinhalb Jahrtausende, die Poseidonios von Copernicus trennen, zeigten Schätzungen für Größe und Entfernung der Sonne einen Zug nach oben, von dem seltsamen Rückschritt bei Ptolemaios abgesehen. Dieser traute den Berechnungen des Poseidonios nicht und verkleinerte die Entfernungsangabe um den Faktor zehn und den Wert für die Größe um den Faktor acht. Aber obwohl Ptolemaios für die Sonne solche falsche Daten einführte, gab er fast korrekte Werte für den Mond: 0,29 Erddurchmesser für den Durchmesser und 29,5 Erddurchmesser für die Entfernung an; die richtigen Zahlen lauten 0,27 und 30,2. Auch islamische Astronomen, die sich des Arabischen bedienten, kannten recht gut die ungeheure Größe astronomischer Ausmaße im Vergleich mit irdischen. Im neunten Jahrhundert berechnete al-Fargani, daß der Mond 64⅙ Erdradien vom Mittelpunkt des Weltalls entfernt wäre – ein Wert, der nur um 6% zu hoch liegt, wenn die Erde als Zentrum des Universums galt. In *De revolutionibus* brachte Copernicus umständliche Beweise für die Entfernungen und Größen der verschiedenen Planeten vor. Hinsichtlich des Mondes pflichtete er Ptolemaios bei; aber sein Wert für die Sonnenentfernung war weit ungenauer als der des Poseidonios.

Wenn sich auch das heliozentrische Weltbild in der ersten Hälfte des siebzehnten Jahrhunderts allgemein durchsetzte, so wußte man doch recht wenig über die Entfernungen, die im Planetensystem wirklich vorkommen. Über die Entfernung des Mondes war man sich ziemlich einig, aber die Schätzungen der Sonnenentfernung schwankten um ein Vielfaches. Copernicus hatte sich auf einen Wert verlassen, der fast nur ein Zehntel des von Poseidonios siebzehn Jahrhunderte früher bestimmten betrug. Aber Kepler lieferte mit seiner Veröffentlichung des dritten Gesetzes der Planetenbewegung die Basis, wodurch dieser schwierige Punkt geklärt werden konnte.

Da Kepler keine Parallaxe für den Mars hatte finden können, erkannte er, daß die geltenden Werte für die Entfernungen erhöht werden mußten. Aber in den *Harmonices Mundi,* worin er das dritte Gesetz verkündete, findet sich ein merkwürdiges Argument, das ihn veranlaßte, die Entfernung der Sonne dreimal größer anzusetzen, als der damals angenommene Wert betrug – und das war immer noch erst ein Siebentel des richtigen Wertes. Immerhin lieferte sein drittes Gesetz, das das Quadrat der Umlaufperiode eines Planeten mit dem Kubus seiner Entfernung von der Sonne in Beziehung setzt, die Grundlage für den ersten wirklichen Fortschritt der Entfernungsbestimmung im Sonnensystem seit den Zeiten von Aristarch und Hipparch.

Es war nicht schwierig, die Zeit zu bestimmen, in der ein Planet oder die Erde einen vollen Umlauf um die Sonne macht. Damit genügt die Messung einer einzigen Entfernung zwischen Sonne und Erde oder Sonne und Planet, um die Skala des ganzen Planetensystems zu eichen. Das Problem lief letztlich auf eine direkte Messung der Entfernung zwischen Sonne und Erde hinaus; und dazu brauchte man den parallaktischen Winkel der perspektivischen Verschiebung von einer Basislinie auf der Erde aus. Selbst in modernen Zeiten pflegt man aber nicht eine direkte Messung der Sonnenparallaxe durch direkte geometrische Verfahren von der längstens möglichen Basis auf der Erde aus zu praktizieren. Der Winkel, unter dem der Erdradius von der Sonne aus erscheinen würde, die „Sonnenparallaxe", ist äußerst klein, von der Größenordnung 8,8 Bogensekunden. Das entspricht dem Winkel, unter dem ein Pfennigstück von 17 mm Durchmesser aus einer Entfernung von 400 m erscheint. Da die

Sonne so groß ist, daß sie auf der Erde unter einem Winkeldurchmesser von einem halben Grad erscheint, ist eine direkte Messung offenbar keine befriedigende Lösung. Man erkannte aber, daß man die Skala des ganzen Planetensystems festlegen konnte, sobald die Entfernung eines der näheren Planeten – Mars, Merkur oder Venus – bekannt war und man dann das dritte Keplersche Gesetz anwandte.

Der erste bemerkenswerte Fortschritt kam 1671–73, als J. D. Cassini seine Expedition vom Pariser Observatorium nach Cayenne zur Bestimmung der Erdfigur organisierte. Auf seinen Vorschlag hin maß Jean Richer die Zenitdistanz des Mars im Vergleich mit simultanen Messungen durch Flamsteed in England und Cassini selbst in Frankreich. Aus den terrestrischen Basislinien wurde die Parallaxe und daraus weiter die Entfernung des Planeten berechnet. Nach dem Keplerschen dritten Gesetz folgte schließlich für die Sonnenparallaxe ein Wert von 9,5″. Das war zwar etwa um 8% zu klein, wie sich später herausstellte, beseitigte aber doch eine wesentliche Unstimmigkeit, die seit der Antike bei astronomischen Messungen bestanden hatte. Durch diese Messungen war die extreme Unsicherheit hinsichtlich der Größe des Planetensystems verschwunden, wenn auch noch einige Meinungsverschiedenheiten bezüglich des exakten Wertes der Entfernung Sonne-Erde geblieben waren. Mit dem Erdhalbmesser als Einheit, dessen Wert im ausgehenden siebzehnten Jahrhundert schon gut bekannt war, ergaben die Unsicherheiten in der zu 9,5 Bogensekunden gemessenen Parallaxe für die Entfernung der Sonne Grenzwerte zwischen 134 und 140 Millionen Kilometern.

Durch ihre Extremstellungen im Zuge der Jahreszeiten liefert die Erde auf ihrem Lauf um die Sonne eine Basis, die für alle Entfernungsmessungen über das Sonnensystem hinaus von kritischer Bedeutung ist. Sobald die heliozentrische Theorie angenommen war, sprang die Möglichkeit ins Auge, diese Basis für die Messung von Sternparallaxen, und damit für die Bestimmung der Entfernungsskala des Universums, zu benutzen. Allerdings sollten noch eineinhalb Jahrhunderte verstreichen, bis bei entsprechenden Versuchen jemand überhaupt einen Erfolg erzielte. In der Zwischenzeit wurde die Gewinnung eines korrekten Wertes für die Basisstrecke (bezw. die Sonnenparallaxe) eine besonders wichtige Aufgabe der beobachtenden Astronomie; aber der präzise Wert blieb noch fast dreihundert Jahre nach dieser ersten Messung im Jahre 1672 umstritten.

Die erste Revision dieser Ergebnisse von 1672 ist für alle Zeiten mit Edmond Halley verbunden. Es war schon die Rede von Halleys Beziehung zu Newton und der Veröffentlichung von dessen *Principia* 1687. Den weiten Bereich von Halleys Interessen und wissenschaftlichen Arbeiten kennzeichnet die Tatsache, daß er vier Jahre später, 1691, in den *Philosophical Transactions of the Royal Society* sechs Arbeiten publizierte. Darin ging es um recht verschiedene Dinge: die Zirkulation von Meeresströmungen, die Stelle, wo Julius Caesar in Britannien landete, den Vogelflug, die Lichtbrechung und das Tiefseetauchen.

In dem dritten dieser Papiere behandelte Halley das Problem der Messung der Sonnenentfernung. Weil Venus der Erde näher kommt als Mars, schlug er vor, an diesem Planeten Messungen auszuführen. Er schlug keineswegs vor, wieder eine Messung der Zenitdistanz vorzunehmen, wie es beim Mars geschehen war, sondern gab die bedeutsame Anregung, die Beobachtung müßte dann stattfinden, wenn die Venus beim Durchgang vor der Sonne zu sehen wäre. Der Gedanke, dieses Phänomen für die Messung der Sonnenentfernung zu benutzen, war Halley 1677 gekommen, als er auf St. Helena an einem Katalog der Sterne des Südhimmels arbeitete. Dort hatte er mit einem Teleskop von 24 Fuß (7,3 m) Brennweite den Durchgang des Merkurs vor der Sonnenscheibe beobachtet und gefunden, daß er genau die Zeiten bestimmen konnte, zu denen der Planet vor die Sonnenscheibe trat und sie wieder freigab. In seiner Mitteilung von 1691 und danach meinte er, man solle entsprechende Beobachtungen mit der Venus anstellen, weil diese der Erde näher kommt und eine größere Scheibe darbietet als der Merkur.

Obwohl die Venus alle neunzehn Monate zwischen Erde und Sonne durchläuft, sind die Gelegenheiten, bei denen man sie vor der Sonnenscheibe sehen kann, sehr viel seltener, da die Ebene der Venusbahn zur Ebene der Erdbahn um 3°23′ geneigt ist. Die Durchgänge pflegen paarweise aufzutreten, jeweils in Abständen von etwa 8 Jahren, aber mit Intervallen von mindestens 117 Jahren dazwischen.[120] Die genauen Methoden und Berechnungen, auf die es dabei ankommt, veröffentlichte Halley 1716, wo er ein detailliertes Programm für den nächsten, im Jahr 1761 zu erwartenden Venusdurchgang entwarf.[121] Zu dessen Beobachtung wurden dann britische Expeditionen nach St. Helena und Sumatra entstandt.

Nicht alle diese Expeditionen waren erfolgreich. Charles Mason und Jeremiah Dixon haben Sumatra nie erreicht. Ihr Schiff geriet im Ärmelkanal in einen Kampf mit einem französischen und mußte nach Portsmouth zurückkehren. Schließlich beobachteten Mason und Dixon den Venusdurchgang am Kap der Guten Hoffnung. Von Frankreich brachen Expeditionen auf, um das Phänomen in Sibirien, Madagaskar, Wien und Südostindien zu beobachten. Guillane Le Gentil, der nach Südindien wollte, erreichte sein Ziel nie, weil das Schiff von der britischen Flotte angegriffen wurde. Immerhin wurde der Durchgang 1761 von 62 Stellen aus beobachtet, und der nächste im Jahr 1769 von 63 Stellen aus. Halley war 1742 im Alter von zweiundachtzig Jahren gestorben; aber die Ergebnisse dieser Expeditionen bestätigten seine Erwartung, daß Beobachtungen solcher Passagen eine genaue Bestimmung der Sonnenparallaxe ermöglichen würden. Es wurde eine Entfernung von 155,3 Millionen Kilometern errechnet, die später durch eine nochmalige Analyse der Messungen auf 149,7 Millionen Kilometer reduziert wurde. Damit war der heute angenommene Wert auf ein viertel Prozent genau erreicht.

Für das nächste Paar von Venusdurchgängen 1874 und 1882[122] wurden aufwendige Expeditionen von den Briten und Amerikanern sowie auch dem Deutschen Reich organisiert, aber die Zeitangaben differierten um zehn Sekunden, und damals waren schon andere Verfahren zur Bestimmung der Sonnenparallaxe in Gebrauch. Der englische Astronom D. Gill beobachtete die relative Verschiebung eines Planeten vor dem Sternhintergrund, wie sie sich von zwei Punkten auf der Erdoberfläche aus darbietet. Er benutzte verschiedene Planeten – zuerst Mars, mit dem Ergebnis einer Parallaxe von 8,78″, dann einige kleine Planeten, um die Komplikationen zu vermeiden, welche die Größe der Planetenscheibe hereinbringt. Um 1900 war mit Hilfe des Planetoiden Eros[123] der Wert auf 8,790″ verbessert worden. Im zwanzigsten Jahrhundert wurden noch subtilere Methoden verwandt, zum Beispiel die Beobachtung von Störungen der Bewegung von Venus oder Eros durch die Anziehungskraft der Erde, oder durch spektroskopische Messungen der Aberrationskonstanten in halbjährlichen Intervallen, wobei die Relativgeschwindigkeit zwischen der Erde und einem Stern eingeht. Um die Mitte unseres Jahrhunderts herrschte eine seltsame Situation. Bei einer erneuten kritischen Bearbeitung aller bisherigen Versuche erschienen die beiden zuverlässigsten Verfahren auf ein Zehntausendstel genau, aber ihre Ergebnisse differierten um ein Tausendstel. Also war die „Astronomische Einheit“, die fundamentale Einheit der Entfernung in der Astronomie, doch nur auf ein zehntel Prozent sicher.

Die Beseitigung dieser kleinen, aber lästigen Unsicherheit hinsichtlich der tatsächlichen Entfernungen von Sonne und Planeten wurde nach dem Start des ersten sowjetischen

Sputniks 1957 im Zuge der stürmischen Entwicklung der Astronautik ein Problem ersten Ranges. Binnen weniger Jahre wurden Raketen entwickelt, die Nutzlasten auf den Mond und die benachbarten Planeten schaffen konnten. Die erste Raumsonde zur Venus wurde von der Sowjetunion am 12. Februar 1961 gestartet. Es ist eine denkwürdige Tatsache, daß damals die Entfernung dieses Planeten nicht genau genug bekannt war, um einen Kontakt zwischen Sonde und Venus zu gewährleisten.[124] Inzwischen war es aber durch Entwicklung großer Radioteleskope und starker Sender möglich geworden, die Entfernung der Planeten durch Radar zu messen. Wenn ein Radarimpuls zur Venus geschickt und nach seiner Reflexion beobachtet werden konnte, ließ sich die Laufzeit des Signals, und damit die zurückgelegte Strecke, genau bestimmen. Danach ergaben sich der exakte Wert für die Entfernung Erde – Sonne und die Sonnenparallaxe aus dem dritten Keplerschen Gesetz. Im Jahr 1961 waren drei unabhängige Radarmessungen durch die USA, die UdSSR und das Vereinigte Königreich erfolgreich. Schließlich wurde die Astronomische Einheit mit einer Genauigkeit von eins zu dreißig Millionen erhalten.

Die Präzision dieser endgültigen Lösung eines langwierigen Problems ist in jüngster Zeit durch erfolgreiche Landungen verschiedener amerikanischer und sowjetischer Raumflugkörper auf Mars und Venus demonstriert worden; und der Radar-Wert der mittleren Entfernung zwischen Erde und Sonne ist mit 149,6 Millionen Kilometern von der Internationalen Astronomischen Union, entsprechend einer Sonnenparallaxe von 8,794 Bogensekunden, anerkannt worden. Mit einiger Schadenfreude kann man daran zurückdenken, daß diese Präzisionsmessung durch Radar von den besten zuvor angenommenen Werten aufgrund konventioneller optischer und dynamischer Verfahren um 60000 km abweicht; dabei waren diese angeblich bis auf mindestens 15000 km genau.

11. Die Größe des Weltalls: Das System der Sterne und Galaxien

Erst 1838 gelang er erstmals, die Entfernung eines Sterns zu messen. Vor jenem Jahr waren während der ganzen Entwicklung der Astronomie bis dahin alle Vorstellungen von der Größe des Sternsystems in hohem Maße spekulativ, obwohl nach dem Sieg des heliozentrischen Weltbildes für die Mindestentfernung der Sterne gewisse Grenzen unabweisbar schienen. Die antike Kosmologie war sehr an den Prozessen interessiert, durch welche die Bewegung der Fixsternsphäre auf die weiter innen befindlichen Sphären übertragen werden sollte, um die Sonne und die Planeten zu bewegen. Platon führte in der Kosmologie seiner *Epinomis* den Gedanken vom raumfüllenden Äther ein. Die Vorstellung einer Äthersphäre beseitigte die Einschränkungen, die in dem Zwang für ein kleines Universum lagen; so hören wir denn in der *Epinomis,* daß die Sterne „immens" wären, wenn auch von Entfernungen nicht die Rede ist.

Aristoteles gründete seine Kosmologie auf den Gedanken, daß das gesamte Weltall sich im Innern der Sternsphäre befände, daß es endlich wäre, und daß jenseits dieses Himmels „weder Ort noch Leere" existiere. Nun haben zwar die ersten Verfechter der Unendlichkeit des Raums und der Existenz eines Vakuums diese aristotelische Vorstellung für absurd gehalten; aber wohl niemand hatte eine Idee von den Dimensionen des Sternsystems im Lichte irdischer Abmessungen. Im ptolemäischen System wurden die raumerfüllenden Kugelschalen, welche Bewegung von der Fixsternsphäre herab übertragen, ein wichtiges Glied, um die Größe des geozentrischen Universums festzulegen. Jede Kugelschale oder Sphäre mußte nämlich dick genug sein, um die Garnitur des jeweiligen Planeten an Epizykeln und Kreisen aufzunehmen. So ergaben sich relative Größen, die dann in tatsächliche Distanzen umgerechnet werden konnten aufgrund des gerade gängigen Wertes für die Entfernung der Mondsphäre. Abschätzungen der Größe des Weltalls auf dieser Grundlage wurden üblich, besonders unter islamischen Astronomen. Al-Fargani berechnete im neunten Jahrhundert auf diese Weise die Entfernung der Sternsphäre von der Erde zu 75 Millionen Meilen. Da er mit einer Mondentfernung von 208 000 Meilen arbeitete, sieht man, daß sich die Astronomen zu jener Zeit durchaus der Winzigkeit der Erde und des sublunaren Bereichs im Vergleich mit den Ausmessungen des Universums der Sterne bewußt gewesen sind.

Mit Annahme der heliozentrischen Theorie wurden für die Mindestentfernung der Sterne erstmals harte Bedingungen gestellt. *De revolutionibus* enthält eine komplizierte Argumentation über die Konsequenzen, die sich daraus ergeben, daß die Erde ihre feste Zentralstellung im Weltall verliert. Falls sie nämlich diese Position innehätte, dann würde man diametral einander gegenüberliegende Sterne an der Sphäre gleichzeitig auf- bezw. untergehen sehen. Wenn aber andererseits die Sonne den Mittelpunkt des Sternsystems bildet und die Erde sich um die Sonne bewegt, dann ist diese Gleichzeitigkeit unmöglich. Copernicus konnte nur Grenzen für den Winkel angeben, um den sich beispielsweise der Sommersonnwendpunkt der Ekliptik über dem Osthorizont befand, wenn der des Wintersolstitiums eben den Westhorizont erreichte. Gemäß solchen Überlegungen verlangte das copernicanische System für die Fixsternsphäre eine Mindestentfernung von 5600 Millionen Meilen.

Verglichen mit den antiken Kosmologien mußte das heliozentrische Universum des Copernicus ein riesiges Volumen haben, indem es zwischen dem entferntesten bekannten Planeten Saturn und der Sternsphäre außerordentlich viel

Raum ließ. Dies störte Tycho Brahe. Bei seiner Ablehnung der heliozentrischen Theorie betonte er, Copernicus sei gezwungen gewesen, diesen ungeheuren Raum zwischen Saturn und den Sternen aufzuspannen, nur um das Fehlen einer beobachtbaren Parallaxe zu erklären. Selbst mit seinen überlegenen Instrumenten gelang es Tycho nicht, eine Parallaxe zu messen. Für diese Beobachtungsgrenze nahm er einen viel kleineren Wert an als je zuvor und folgerte, wenn sich die Erde bewegen würde, dann müßte sein negatives Beobachtungsresultat bedeuten, daß die Sternsphäre von Saturn siebenhundertmal weiter entfernt wäre, als die Distanz zwischen Saturn und Sonne ausmacht. Nach zeitgenössischen Annahmen hätte die Fixsternsphäre also mindestens 60 Milliarden Kilometer entfernt sein müssen. Solche Ausmaße von einer Größenordnung, die den Radius der Erde um ziemlich das Zehnmillionenfache übertraf, waren, ebenso wie die sich damit ergebende Notwendigkeit, ungeheure leere Gebiete zwischen Sternen und Planeten anzunehmen, selbst für Tycho unvorstellbar.

Aber bald, im Zuge des endgültigen Sieges der heliozentrischen Theorie, mußte Tychos Versagen beim Versuch, irgendwelche Sternparallaxen zu messen, im richtigen Sinne interpretiert werden, nämlich in dem, daß die Sterne wirklich ungeheuer viel weiter entfernt sind als selbst der weiteste bekannte Planet, Saturn. Im Laufe der ganzen beiden folgenden Jahrhunderte wurden mit zunehmender Verbesserung der astronomischen Instrumente immer wieder Versuche gemacht, die Parallaxe eines Sterns zu messen. Jacques Cassini versuchte es am Pariser Observatorium mit dem Sirius in der Annahme, der am hellsten erscheinende Stern müßte auch der nächste sein. Er beobachtete Sirius mit einem Transitfernrohr im Meridiandurchgang unter verschiedenen Stellungen der Erde in ihrer Bahn um die Sonne. Tatsächlich behauptete er, eine Verschiebung der Position des Sirius vor dem Hintergrund schwächerer Sterne gefunden zu haben. Halley unterzog aber 1720 Cassinis Messungen einer kritischen Nachprüfung und kam zu dem Ergebnis, daß Cassini durchaus keinen Effekt gemessen haben konnte, der durch die Parallaxe des Sirius entstünde.

Zehn Jahre zuvor war Halley zu einem anderen umwälzenden Ergebnis hinsichtlich der Sterne gekommen. Im Laufe der ganzen Geschichte schien bis dahin niemand die Idee der Sphäre „fixer" Sterne in Frage gestellt zu haben. Halley prüfte die von Hipparch und Ptolemaios verzeichneten Sternpositionen und verglich sie mit neueren Messungen, die er selbst und andere ausgeführt hatten. Er kam zu dem Ergebnis, daß Differenzen in der Örtern der Sterne jeden einleuchtenden Meßfehler übertrafen, so daß nur die Erklärung blieb, die Sterne wären nicht im Raum fixiert, sondern hätten Eigenbewegungen aufzuweisen. Diese Entdeckung der „Eigenbewegungen" durch Halley wurde erst gegen Ende des Jahrhunderts wieder aufgegriffen, als Herschel neue Messungen machte und sogar die Richtung der Bewegung der Sonne im Raum berechnete.

Ein paar Jahre, nachdem Halley die Messungen Cassinis am Sirius verworfen hatte, glaubte James Bradley, der dritte Royal Astronomer Englands, ihm sei es gelungen, die Entfernung des Sterns Gamma Draconis zu bestimmen. Bradley war 1693 in Gloucestershire geboren und ein überaus fähiger Astronom. Seine Geschicklichkeit erwarb er sich, als er bei seinem Onkel James Pound, Rektor von Wanstead in Essex, einem hervorragenden Liebhaberastronomen jener Zeit, wohnte. Dann absolvierte Bradley 1717 die Universität Oxford und erhielt verschiedene Stellungen. Vier Jahre später wurde er als Nachfolger Halleys zum Savilian Professor in Oxford ernannt, beobachtete und wohnte aber zusammen mit seinem Onkel weiter in Wanstead, bis dieser 1724 starb. Im Jahr 1742 wurde Bradley Astronomer Royal und lebte dann in Greenwich; aber seine berühmten Beobachtungen von Gamma Draconis machte er in Wanstead. Dieser Stern geht in jener Breite fast durch den Zenit; und Robert Hooke hatte schon 1669 jährliche Verschiebungen in seiner Position bemerkt. Sowohl er wie John Flamsteed, der erste Astronomer Royal, der 1694 eine ähnliche Bewegung des Polarsterns entdeckt hatte, glaubten, die parallaktische Verschiebung der Sterne in Folge der Bewegung der Erde in ihrer Bahn um die Sonne zu beobachten.

Bradleys Beobachtungen von Gamma Draconis reichen von 1725 bis 1728. Er entdeckte, daß der Stern im Jahreslauf eine kleine Ellipse zu beschreiben schien; aber es wunderte ihn, daß die Verschiebung im September am weitesten nach Norden und im März am weitesten nach Süden ging. Falls es sich um einen Effekt der Parallaxe gehandelt hätte, müßten diese Maximalverschiebungen, die immerhin 40 Bogensekunden ausmachten, im Juni und Dezember auftreten. Die Lösung fand Bradley im September 1728 bei einem Bootsausflug auf der Themse. Ihm fiel auf, daß der Wimpel an der Mastspitze mit dem Kurs des Bootes seine Richtung änderte, obwohl die Windrichtung konstant blieb; er übertrug das auf die Bewegung der Erde und fand die Erklärung für die anomale elliptische Positionsänderung des Sterns im Zuge der Bewegung der Erde um die Sonne. Kurz danach meldete er der Royal Society seine Entdeckung der Aberration des Lichts.[126] Die genaue Analyse dieser Beobachtungen zeigte Bradley, daß die tatsächliche parallaktische Verschiebung des Sterns Gamma Draconis kleiner als zwei Bogensekunden sein mußte und wahrscheinlich höchstens eine halbe Bogensekunde betragen könnte. Diese Untergrenze, wie Bradley sie fand, hätte den Stern in eine Entfernung von mindestens sechzig Billionen Kilometern gerückt.[127]

Der völlige Mißerfolg Bradleys, eine jährliche Parallaxe zu finden und die Entfernungsschranke für Gamma Draconis konnten Herschel fünfzig Jahre später nicht abschrecken. Er glaubte, mit seinen überlegenen Instrumenten erfolgreich sein zu können. Es war schon von Herschels Versuch die

Rede, dicht beisammen gesehene Sterne zur Parallaxenbestimmung zu benutzen.[128] Er irrte sich aber, als er meinte, der schwächere Stern des Paares wäre weiter entfernt und daher „fixiert" im Vergleich zu der helleren Komponente. Obwohl es auch ihm nicht gelang, eine Parallaxe zu messen, haben wir doch gesehen, daß seine Beobachtungen zur Entdeckung von Doppelsternen geführt haben. Weder zum ersten, noch zum letzten Mal führte so der Versuch, die Skala des Universums zu bestimmen, nicht zu dem ursprünglich angestrebten Ziel, aber doch zu wichtigen Neuentdekkungen.[129]

Schließlich gelang 1838 Friedrich Bessel in Königsberg die Messung einer trigonometrischen Sternparallaxe. Bessel hatte im Verlauf von zwölf Jahren die Örter von 75 000 Sternen mit bis dahin unerreichter Genauigkeit bestimmt. Dann bat er Joseph von Fraunhofer in München, ihm eine besondere Vorrichtung zu bauen – ein sogenanntes Heliometer, das ist im Prinzip ein großes Doppelbildmikrometer. Damit maß Bessel die Position des Sterns 61 Cygni im Verlauf eines vollen Jahres und fand, daß sich die scheinbare Stellung desselben vor dem Hintergrund der schwachen Sterne änderte. So konnte er 1838 die Messung der ersten Sternparallaxe melden. Sie betrug nur 0,30" – entsprechend einer Entfernung von elf Lichtjahren. Das war eine beachtliche Leistung, die durch das Zusammenwirken des hervorragenden, von Fraunhofer gebauten Instruments und Bessels Beobachtungskunst möglich geworden war.

Weniger als dreihundert Jahre nach der Veröffentlichung des heliozentrischen Weltbildes hatte sich die kosmologische Entfernungsskala in einem für irdische Begriffe unfaßbaren Maße erweitert. Copernicus konnte die Entfernung der Sternsphäre noch mit der Erde als Einheit ausdrücken: eineinhalb Millionen Erdhalbmesser. Tychos Grenze lag siebenhundertmal weiter als der Saturn. Bradleys 37 Billionen Meilen übertrafen jede menschliche Vergleichsmöglichkeit;

und nun zeigte diese Messung durch Bessel, daß der Stern 61 Cygni sogar doppelt so weit entfernt war.[130]

Die ungewöhnliche Stimmung jener Tage kommt in den Archiven der Royal Astronomical Society zum Ausdruck. Zwei Jahre nach Bessels Tat war das Council der Gesellschaft noch nicht überzeugt, daß die Versuche zur Messung einer Sternparallaxe (außer Bessel waren fast gleichzeitig auch Wilhelm Struve in Rußland und Thomas Henderson in England erfolgreich gewesen) gelungen waren. Als Sir John Herschel[131] als Präsident gefragt wurde, warum die Goldmedaille der Gesellschaft für 1840 nicht Bessel zuerkannt würde, erklärte er: „Beobachtungen, die anscheinend außer Frage stehen, haben uns unmittelbar an die Schwelle jenes langgesuchten Portals gebracht, das uns einen meßbaren Weg in Gebiete eröffnen wird, wo die Flügel der Phantasie bisher durch das Gewicht des Unbegrenzbaren und Unendlichen erdrückt oder durch seine Verschwommenheit genarrt wurden.“ Aber nachdem er Bessels Messungen so dargestellt hatte, wie sie der Gesellschaft zur Verfügung standen, fuhr Sir John fort:

„Man kann jetzt wohl mit Recht fragen, wenn dem allem so ist, warum dann euer Council gezögert hat, diese große Entdeckung mit jenem Stempel ihrer Überzeugung und ihres Beifalls zu versehen, den die Verleihung ihrer jährlichen Medaille mit sich bringt. Die Lösung eines Problems dieser Schwierigkeit und Bedeutung, das so lange der Leitstern der Wünsche eines jeden Astronomen gewesen ist, die letzte Bestätigung der Genauigkeit eines jeden Beobachters, der große Meilenstein und das *non plus ultra* unseres Fortschritts, auf diese Weise gewissermaßen herausgerissen und beiseite geworfen durch einen Kraftakt – das hätte wohl sicher alle Abstimmungen beherrschen sollen. Indessen müssen wir bedenken, daß wir Herrn Bessels Beobachtungen noch nicht vor uns liegen haben. Es gibt noch eine zweite Reihe, ebenso eindeutig (wie man uns bedeutet hat) in ihrer Konzeption, die zu fast demselben Zahlenwert für die Parallaxe führt und der Öffentlichkeit noch nicht mitgeteilt wurde. Unter diesen Umständen wurde es für das Council zur Pflicht, seine Entscheidung zu verschieben. Sollte aber das endgültig vorgelegte Beweismaterial bei einer künftigen Gelegenheit einen solchen Schluß rechtfertigen, dann darf nicht bezweifelt werden, daß es mit Freude die Gelegenheit ergreifen wird, mit dem in ihrer Macht stehenden Lorbeer den größten Triumph der modernen praktischen Astronomie zu krönen."[132]

Ein Jahr später waren Sir John und das Council mit Bessels Messungen zufrieden. In seiner Ansprache vom 12. Februar 1841, mit der er die Verleihung der Goldmedaille an Bessel bekanntgab, zollte Sir John dem Instrument, „mit dem Bessel diese höchst bedeutsamen Beobachtungen gemacht hat", seinen Tribut. Zum Schluß seiner Ansprache sagte er dann: „Meine Herren von der Astronomical Society, ich beglückwünsche Sie und mich selbst dazu, daß wir es erlebt haben, wie die große und bisher unüberschreitbare Schranke unserer Ausflüge in das Universum der Sterne, jene Grenze, gegen die wir so lange und so vergeblich uns abgemüht haben (*aestuantes angusto limite mundi),* gleichzeitig an drei verschiedenen Stellen übersprungen worden ist. Es ist der größte und ruhmreichste Triumph, den die Astronomie je erlebt hat."[133]

Obwohl Bessels Leistung von Sir John Herschel mit Recht als ein „ruhmreicher Triumph" gewertet wurde, ist es zweifelhaft, ob Astronomen an jenem Tage überhaupt eine rechte Vorstellung von der großen Schwierigkeit hatten, die die Ausdehnung dieser Parallaxenmessungen auf andere Sterne in sich barg. Der Versuch, die durch Bessel enthüllte Unermeßlichkeit des Sternsystems in den Griff zu bekommen, ließ die Überlegung verblassen, daß selbst diese Entfernungen von Dutzenden von Billionen von Meilen unbedeutend sein könnten im Vergleich mit der Ausdehnung des mit dem bloßen Auge sichtbaren Sternsystems. Gegen Ende des neunzehnten Jahrhunderts war es den Astronomen gelungen, die Parallaxe von weiteren siebzig Sternen zu messen, wobei einige als zweifelhaft gelten mußten. Obwohl sich photographische Verfahren dabei als sehr hilfreich erwiesen, sagte ein Astronom anläßlich einer Vortragsveranstaltung der Royal Institution in London 1908: „Mit Ausnahme von höchstens einhundert Sternen wissen wir nichts über die Entfernungen der einzelnen Sterne."[134] Die weitere Entwicklung von Teleskopen und Verfahren sollte diese Lage bald ändern; aber es muß festgehalten werden, daß selbst mit den besten heutigen Meßmethoden die Zuverlässigkeit von Parallaxenmessungen nur etwa um den Faktor fünfzig gegenüber der Besselschen von 1838 verbessert worden ist. Moderne Sternkataloge enthalten direkte trigonometrische Parallaxen für Sterne in ungefähr 100 Parsec (rund drei Billiarden Kilometer) Entfernung. Innerhalb dieses Bereichs gibt es einige zehntausend Sterne.

Die Erkenntnis, daß die direkte Messung einer Parallaxe wohl ganz auf die näheren Sterne beschränkt sein würde, gab einen großen Anreiz zur Auffindung anderer Verfahren für die Entfernungsbestimmung der entlegeneren Sterne. Es wurde eine Weiterführung der Parallaxenmethode entwikkelt, die mit einer Basis operierte, welche von der Fortbewegung der Sonne im Raum geliefert wird. Ein Beobachter auf der Erde wird in jeder Sekunde um 20 Kilometer durch den Weltraum getragen – wegen der Bewegung des ganzen Sonnensystems. Das ergibt eine Basis, die ständig anwächst und in einem Jahr bereits doppelt so viel ausmacht, wie der Durchmesser der Erdbahn um die Sonne beträgt. Diese Methode der, wie man sagt, säkularen Parallaxen muß die Eigenbewegung der Sterne im Raum berücksichtigen und ist am nützlichsten, wenn es um große Gruppen von Sternen geht, so daß diese Gruppe insgesamt als in Ruhe befindlich angenommen werden kann. Hiermit und durch andere, spektrographische Methoden wurde die Distanzmessung der Sterne auf reichlich 100 Parsec ausgedehnt. Aber der wichtigste Fortschritt, der zu unserem heutigen Verständnis der Ausdehnung der Milchstraße und der wahren Natur der Nebel führte, trat im Jahre 1908 ein.

Henrietta Leavitt von der Harvard-Sternwarte hatte bestimmte Arten von Sternen in der Kleinen Magellanischen Wolke untersucht. Es handelte sich um sogenannte Cepheiden, eine Klasse veränderlicher Sterne vom Typ Delta Cephei, die ihre Helligkeit zwischen Maximum und Minimum in fünf Tagen um eine Größenklasse ändert. Miß Leavitt fiel auf, daß bei helleren Sternen der Lichtwechsel länger dauerte. Sie entdeckte sogar eine direkte Beziehung zwischen der Helligkeit des Sterns und der Periode seines Lichtwechsels. Nun gab es Cepheiden, deren Entfernung mit spektrographischen Mitteln abgeschätzt werden konnte. Harlow Shapley, der mit dem sechzigzölligen Spiegelteleskop auf dem Mount Wilson arbeitete, kalibrierte Henrietta Leavitts Beziehung zwischen scheinbarer Helligkeit und Periode in der Skala absoluter Helligkeiten. Damit war es möglich geworden, durch Bestimmung der Periode eines Cepheiden seine absolute Helligkeit zu bekommen. Daraus ergab sich dann seine Entfernung mit Hilfe des Gesetzes, daß die Helligkeit eines Objekts mit dem Quadrat seiner Entfernung abnimmt.

Größe und Aufbau des Milchstraßensystems

Wir haben gesehen, daß Wilhelm Herschel, obwohl er zu dem Ergebnis einer unsymmetrischen Verteilung der Sterne um die Sonne gekommen war und die Gestalt des Systems näherungsweise ermittelt hatte, keine weiteren Fortschritte erzielen konnte, da ihm jede Möglichkeit fehlte, Sternentfernungen zu messen. Seine Arbeit hatte den alten und lange beibehaltenen Glauben an die Sphäre der Fixsterne zerstört (obwohl schon Halley gezeigt hatte, daß sie nicht „fix" sind), aber man hatte keine rechte Vorstellung von der Position der Erde und des Sonnensystems innerhalb dieses Sternsystems. Folglich blieb es bei dem allgemeinen Glauben, daß die Erde in oder nahe bei der Zentralregion der Milchstraße ihren Ort haben müsse. Diese uralte Vorstellung von dem Platz des Menschen im Weltall wurde bald nach Henrietta Leavitts Entdeckung der Perioden-Leuchtkraft-Beziehung für die Cepheiden endgültig ausgerottet.

Harlow Shapley hatte um 1918 die Cepheidenmethode benutzt, um die Entfernung von fünfundzwanzig Kugelsternhaufen zu bestimmen. Es gibt ungefähr hundert solcher Gebilde, die bekannt sind. Es handelt sich um nahezu kugelförmige Ansammlungen von mehr als hunderttausend Sternen, die zum Band der Milchstraße hin konzentriert sind. Obwohl Herschel fast alle diese Kugelhaufen verzeichnet hatte, scheint Shapley der erste Astronom gewesen zu sein, der sich über ihre Verteilung am Himmel Gedanken gemacht hat. Unter der Annahme, daß diese Sternhaufen den allgemeinen Umriß der Milchstraße angäben, und im Besitze von Mitteln, ihre Entfernungen zu bestimmen, konnte er die Struktur der Milchstraße in dem Sinne, den wir heute damit verbinden, umreißen – nämlich als ein System von 100 Milliarden Sternen, die sich auf eine flache, diskusförmige Scheibe von 100 000 Lichtjahren Durchmesser verteilen. Shapleys Entdeckung, daß die Sonne in einem Spiralarm dieser Scheibe, 33 000 Lichtjahre vom Zentralgebiet entfernt liegt, hat endgültig den Glauben widerlegt, der Mensch befände sich auf der Erde in einer zentralen, begünstigten Position innerhalb dieses Sternsystems.

Shapley veröffentlichte seine Ergebnisse 1918 und 1919 im *Astrophysical Journal* und den *Contributions* der Mt.-Wilson-Sternwarte. Es gab Widerspruch. Am 26. April 1920 verteidigte Shapley auf einer denkwürdigen Sitzung der National Academy of Sciences in Washington seine Ergebnisse.

Er sagte:

„Es hat sich gezeigt, daß die Sonne sehr weit vom Zentrum der Galaxis (Milchstraße) entfernt ist. Es scheint, daß wir uns nahe dem Mittelpunkt eines großen Haufens oder einer Wolke von Sternen befinden; aber diese Wolke ist vom galaktischen Zentrum mindestens sechzigtausend Lichtjahre entfernt ... Wir sind das Opfer einer zufälligen Position der Sonne nahe dem Mittelpunkt eines untergeordneten Systems geworden, und die daraus folgenden Phänomene haben uns zu der falschen Annahme verleitet, wir wären von Gott in ganz besonderer Weise bevorzugt und deshalb genau in die Mitte aller Dinge versetzt worden."[135]

Man beachte, daß Shapley die Entfernung der Sonne vom galaktischen Zentrum mit „mindestens 60000 Lichtjahren" angegeben hat; das ist ungefähr doppelt so viel wie die 33000 Lichtjahre, die man heute annimmt. Shapley dürfte der erste Astronom in der Geschichte gewesen sein, der eine astronomische Entfernung überschätzt hat. Die verschiedenen Unstimmigkeiten, die in den Abschätzungen der Größe der Milchstraße herrschten, wurden schließlich 1930 überwunden, als R. J. Trumpler von der Lick-Sternwarte seine Ergebnisse über die interstellare Absorption des Sternlichts veröffentlichte. Shapley hatte diesen Effekt vernachlässigt und daher die scheinbare Helligkeit der Cepheiden in den Kugelsternhaufen falsch eingeschätzt. Aber obwohl Shapleys Folgerungen bei ihrer Veröffentlichung diskutiert wurden und die Unsicherheit hinsichtlich der Dimensionen noch zehn Jahre andauerte, wäre es nach ein paar Jahren wohl schwierig gewesen, einen Astronomen zu finden, der noch die alte und hartnäckig behauptete Meinung vertrat, daß wir uns in der Nähe des Zentrums des Sternsystems befinden. Seltsamerweise gelang es Herschel nicht, zu dieser Erkenntnis mehr als ein Jahrhundert früher vorzustoßen, obwohl er doch so bedeutende Leistungen erzielte. Wenn er auch keine Entfernungsskala an das Sternsystem anlegen konnte, hatte er doch die Örter der meisten Kugelsternhaufen registriert, einschließlich all derer, die Shapley gemessen hat. Shapleys große Leistung bestand darin, daß er die Bedeutung ihrer Verteilung in bezug auf den Platz der Sonne im Sternsystem erkannt hat.

Die Entfernungen der Nebel

Wir haben gesehen, daß Herschel 2500 Nebel katalogisiert hat. Die Möglichkeit, einige davon in Sterne aufzulösen mit Hilfe seines großen Teleskops, führte ihn zu dem Schluß, daß die Nebel selbständige Sternsysteme sein müßten, durchaus außerhalb der Milchstraße. Es ist fraglich, ob Herschel diese Überzeugung bis an sein Lebensende beibehalten hat; denn es war ihm bei manchen Nebeln nicht gelungen, sie in Sterne aufzulösen. Und zu Beginn unseres Jahrhunderts haben wohl die meisten Astronomen geglaubt, daß die Nebel sämtlich im Innern des Milchstraßensystems stünden und daß dieses das gesamte beobachtbare Universum darstellte. Als indessen die Entdeckung der Cepheidenregel ein Mittel zur Entfernungsbestimmung lieferte, mit dem Shapley das Problem der Milchstraße klären konnte, gab das gleiche Verfahren auch bald die endgültige Antwort auf das Problem der Nebel.

Noch bevor diese Messungen gemacht wurden, hatte es unter den Astronomen eine gewisse Gruppe gegeben, die Herschels Ansicht zustimmte, wonach einige Nebel extragalaktische Objekte wären. Zum Beispiel verglich Heber Curtis von der Lick-Sternwarte die größten Helligkeiten von fünf Novae in vier Spiralnebeln mit denen in der Milchstraße und kam zu dem Ergebnis, daß diese Nebel von der Milchstraße weit entfernt sein müßten – etwa zwanzig Millionen Lichtjahre. Es war schon die Rede von der Diskussion in Washington 1920, als Shapley seine Ergebnisse über Gestalt und Größe der Milchstraße verteidigte. Damals gehörte Curtis zu seinen Opponenten; aber eigenartigerweise glaubte Shapley, daß Curtis unrecht habe mit der Annahme, die Spiralnebel wären Objekte weit außerhalb der Milchstraße. Obwohl nun Shapley hinsichtlich der Milchstraße und Curtis hinsichtlich der Nebel recht hatten, haben beide die Entfernung überschätzt, auf die es ankam (einige von Curtis benutzte Novae waren nämlich in Wirklichkeit Supernovae), wodurch die Sache noch unklarer wurde.

Ein paar Jahre nach jener Diskussion in Washington konnte Edwin Hubble mit dem neuen hundertzölligen Teleskop von Mt.Wilson die Sache endgültig entscheiden. Er veröffentlichte 1926 seine Ergebnisse über den Nebel M 33. Es war ihm gelungen, ihn in Sterne aufzulösen. Darunter waren auch Veränderliche vom Typ Delta Cephei. So konnte Hubble, wie es vorher Shapley bei der Milchstraße getan hatte, die Entfernung von M 33 mittels der Periode-Leuchtkraft-Beziehung der Cepheiden bestimmen. Obwohl seine Ergebnisse insofern schlüssig waren, daß die von ihm aufgelösten Nebel unabhängige Sternsysteme darstellten, die außerhalb des Bereichs der Milchstraße im Weltraum existieren, hat er doch die Entfernungen unterschätzt. Damals hatte man noch nicht erkannt, daß es zwei verschiedene Arten von Cepheiden gibt, die sich in ihren Periode-Leuchtkraft-Beziehungen unterscheiden. Auf diese Weise hat Hubble die Entfernungen der Nebel um fast den Faktor zwei unterschätzt. Zum Beispiel schätzte er die Entfernung von M 33 auf 720 000 Lichtjahre, während wir sie heute mit 2 360 000 Lichtjahren ansetzen.[136]

Heute wissen wir, daß die Kataloge von Messier und Herschel vier verschiedene Arten von Objekten als Nebel anführen, und daß drei davon zur Milchstraße gehören. Darum wäre der Streit um die Natur der Nebel wohl noch viele Jahre weitergegangen, wenn nicht das neue 100-Zoll-Teleskop (mit einem Spiegel von 2,5 m Durchmesser) eben genügend Licht sammelnde Kraft besessen hätte, um in einigen relativ nahen Nebeln Cepheiden zu entdecken. Damit war Hubble in der Lage, vierhundert Nebel zu unterscheiden unter der Annahme, daß solche vom gleichen Typ auch die gleiche absolute Helligkeit haben würden. So leitete er zum Beispiel für alle Nebel vom gleichen Spiraltyp wie M 31, in dem er die Cepheiden gemessen hatte, die Entfernungen durch Vergleich mit der Helligkeit von M 31, dem Andromeda-Nebel, ab. Damit kam er 1926 zu dem Ergebnis, daß der Hundertzöller bis auf 140 Millionen Lichtjahre in den Raum vordringen könnte und daß in diesem Volumen zwei Millionen extragalaktischer Nebel enthalten wären.

Sobald Hubble den extragalaktischen Charakter der Spiralnebel bewiesen hatte, wurde es klar, daß die in Herschels Verzeichnis als Nebel angeführten Objekte zu einer Anzahl verschiedener Kategorien gehörten. Drei davon befanden sich in dem Milchstraßensystem, also unserer eigenen Galaxis. Typisch dafür waren die nebligen Gaswolken wie der Orion-Nebel, die Überbleibsel von Supernovae wie der Crab-Nebel und die „planetarischen" Nebel, die oft einen Zentralstern besitzen. Der Grund für die jahrhundertelange Ungewißheit wurde deutlich. Unter den von Hubble als entfernte extragalaktische Systeme registrierten Objekten gab es verschiedenartige Gebilde. Die Mehrheit von ungefähr 80% zeigte Spiralform, wobei die meisten Sterne sich in Armen befanden, die von einem dichten Zentralkern ausstrahlen. Abgesehen von einigen wenigen unregelmäßig gestalteten bestand der Rest aus sphärischen oder elliptischen Galaxien mit wenig erkennbarer Struktur. Mehr als zwanzig Jahre lang glaubte man, Galaxien dieser Typen stellten den gesamten Inhalt des Universums dar. Hubble hatte eine Entwicklungsfolge vorgeschlagen, die von den sphärischen bis zu den spiralförmigen reichte. Dann wurden aber im Zuge der nach dem zweiten Weltkrieg einsetzenden Entwicklung der Radioastronomie andere weit entfernte Objekte entdeckt: 1951 die Radiogalaxien und zehn Jahre später die Quasare. Ihre wahre Natur, ihr Ort in der Entwicklungssequenz und die Vorgänge, durch die so große Energien aus Bereichen des Raumes ausgestrahlt werden, die im Vergleich zu normalen Galaxien klein sind, verstehen wir noch nicht recht; aber diese Entdeckungen haben uns ungeheuer viel weiter in den Raum vordringen lassen, als Hubble 1926 sich vorgestellt hatte. Durch die Indienststellung des zweihundertzölligen Hale-Teleskops (508 cm Spiegeldurchmesser) für die astronomische Forschung im Jahre 1949 hat sich die Eindringtiefe auf etwa zwei Milliarden Lichtjahre gesteigert, und heute hat man die am weitesten entfernten Quasare in wahrscheinlich mehr als sechs Milliarden Lichtjahren Entfernung identifiziert.

Bei diesen Forschungsarbeiten über das extragalaktische Universum macht das Problem der Entfernungsmessung immer noch große Schwierigkeiten. Cepheiden sind in Galaxien nur bis zu ein paar Millionen Lichtjahren meßbar. In diesem Bereich kann man die so erhaltenen Entfernungsangaben mit den nach einigen anderen Verfahren erhaltenen Ergebnissen vergleichen, zum Beispiel mit Entfernungen, die aus Helligkeitsmessungen von Kugelsternhaufen, Novae und Supernovae abgeleitet wurden. Aber in den Gebieten jenseits einiger Millionen Lichtjahre werden die Entfernungsschätzungen zunehmend ungenauer und unterliegen ständiger Diskussion und Nachprüfung. Wenn man sich auf die Annahme stützt, daß erkennbare Typen von Objekten wie etwa Supernovae oder Kugelhaufen in den weit entfernten Galaxien solchen gleichen Typs in nahegelegenen ähnlich sind, kann man Entfernungsbestimmungen bis auf etwa 150 Millionen Lichtjahre ausdehnen. Auch muß man die Ähnlichkeit ganzer Galaxien in Rechnung stellen nach der schon 1926 von Hubble genutzten statistischen Methode; und schließlich gelangt man durch Vergleich ganzer Haufen von Galaxien bis zu einigen Milliarden Lichtjahren.

Obwohl schon seit Jahrhunderten die Möglichkeit erörtert wurde, ob es im Weltraum Sternsysteme jenseits der Milchstraße gäbe, hat doch niemand gedacht, das Universum könnte Phänomene einer Bewegung in großem Maßstab erkennen lassen. Die Geschwindigkeit, mit der die Erde und die anderen Planeten um die Sonne laufen, die Bewegung der Sonne im Raum mit dem ganzen Planetensystem, sowie die Eigenbewegungen der Sterne sind zwar im Vergleich mit Bewegungen auf der Erde hoch, aber doch alle sehr klein gegenüber der Geschwindigkeit des Lichts. Aber da trat Hubble 1929, wenige Jahre nach der Identifikation von Cepheiden in gewissen Nebeln, mit der Entdeckung an die Öffentlichkeit, daß es eine kosmische Expansion des Universums gibt, die mit sehr hoher Geschwindigkeit erfolgt, welche zudem linear mit der Entfernung anwächst.

Die Beobachtungsgrundlage für diese Erkenntnis war schon früher durch V. M. Slipher im Lowell Observatory, Flagstaff (Arizona), gewonnen worden. Er erhielt 1912 ein Spektrum des Spiralnebels M 31 und fand, daß die Spektrallinien, die nach bestimmten Elementen identifiziert werden konnten, auf dem Spektrograph nicht an ihrer „richtigen“ Stelle lagen. Vielmehr waren sie zum violetten Ende des Spektrums hin verschoben. Ein solcher Effekt ergibt sich durch den sogenannten Dopplereffekt, wenn die Strahlungsquelle sich zum Beobachter bewegt. Dabei verrät eine Verschiebung in Richtung kürzerer Wellen, daß Quelle und Beobachter sich zueinander hin bewegen. Slipher berechnete aus der Linienverschiebung eine Annäherungsgeschwindigkeit von reichlich dreihundert Kilometern in der Sekunde.

Bald erwies sich dieses bei M 31 erzielte Ergebnis als ungewöhnlich, indem die meisten Messungen zeigten, daß die Spektrallinien nach rot verschoben waren und damit ein zunehmendes Auseinanderlaufen von Quelle und Beobachter verrieten. Bis 1929 gab es sechsundvierzig derartige Spektralmessungen. Darunter befanden sich auch solche für achtzehn isolierte Nebel und für den Virgo-Haufen von Galaxien. Auf dieser Grundlage fand Hubble eine Beziehung zwischen der Rotverschiebung und der Entfernung bei Galaxien; die scheinbare Entweichgeschwindigkeit einer Galaxie war ihrer Entfernung von Beobachter direkt linear proportional.[137] Wurde die Verschiebung der Spektrallinien als Dopplereffekt gedeutet, so ergab sich, daß bei dieser Mustersammlung von Galaxien Entweichgeschwindigkeiten bis hin zu 1900 km in der Sekunde auftraten.

In den darauf folgenden Jahren setzten Hubble und M. L. Humason am Hundertzöller auf dem Mount Wilson ihre Messungen fort. Sie publizierten 1931 weitere Ergebnisse, die die Rotverschiebungsmessungen bis auf Galaxien in rund 100 Millionen Lichtjahren Entfernung ausdehnten, wo die daraus abgeleiteten Fluchtgeschwindigkeiten 3200 km in der Sekunde betrugen. Vier Jahre später waren sie bei geschätzten 230 bis 240 Millionen Lichtjahren angelangt, mit einer Fluchtgeschwindigkeit von 42000 km in der Sekunde – einem Siebentel der Lichtgeschwindigkeit. Die lineare Beziehung zwischen Entfernung und Rotverschiebung galt immer noch. Hubble selbst war bei der Deutung der Rotverschiebung zurückhaltend. In seinen *Silliman Memorial Lectures* an der Universität Yale sagte er 1935:

„Da die Möglichkeiten des Fernrohres noch nicht erschöpft sind, so wollen wir mit unserem Urteil warten, bis die Beobachtung entschieden hat, ob die Rotverschiebungen wirklich Bewegungen bedeuten oder nicht. Jedenfalls wollen wir, weil es bequem ist, die Rotverschiebungen in einer Geschwindigkeitsskala ausdrücken. Die verhalten sich so, wie sich Geschwindigkeitsverschiebungen verhalten, und lassen sich auf diese Weise – ungeachtet ihrer endgültigen Deutung – in gleichen anschaulichen Skalen ausdrücken."[138]

Die Indienststellung des zweihundertzölligen Hale-Teleskops mit seiner bedeutend erhöhten Lichtstärke im Jahr 1949 brachte Rotverschiebungsmessungen an extragalaktischen Nebeln, deren Entfernung auf einige Milliarden Lichtjahre geschätzt wurde. Die Entdeckung von Radiogalaxien ließ uns noch tiefer in den Raum vordringen. R. Minkowski benutzte 1960 das Hale-Teleskop, um einen Haufen von Galaxien zu photographieren, der in der Nähe eines dieser stark Radiostrahlen aussendenden Objekte im Bootes liegt. Die Entfernung wurde auf 4,5 Milliarden Lichtjahre geschätzt, und zwar nach der scheinbaren Helligkeit des Haufens. Die Verschiebung einer Spektrallinie, die dem Sauerstoff zugeordnet werden konnte, ergab eine Entweichgeschwindigkeit von 138 000 km in der Sekunde, oder 46% der Lichtgeschwindigkeit. Dabei deuteten die aufgrund der scheinbaren Helligkeiten von Galaxien geschätzten Entfernungen an, daß die lineare Beziehung zwischen Entfernung und Fluchtgeschwindigkeit auch in dieser ungeheuren Weite noch galt.

Die Ausdehnung der Entfernungsskala bis zu den allerweitesten Radiogalaxien beruhte immer wieder darauf, daß man entfernte Objekte ermittelte, die nahegelegenen ähnlich waren, deren Entfernung auf andere Weise bestimmt worden war. Im Falle der Quasare gibt es aber keine solche Möglichkeit, weil sie (zumindest bis jetzt) eine neue Klasse von Objekten bilden, bei denen keine deutliche Verwandtschaft zu anderen Komponenten des Universums zu erkennen ist, deren Entfernungen auch mit anderen Verfahren bestimmt werden konnten. Daher beruht die Entfernungsskala für Quasare gänzlich auf der Annahme, daß die Rotverschiebung ein kosmologischer Effekt ist, der mit der Expansion des Weltalls zusammenhängt. Ob die lineare Beziehung Hubbles auch für so große Rotverschiebungen noch gilt, ist derzeit unter Astronomen umstritten.

Die mittels dieses kosmologischen Effekts berechneten Entfernungen sind auch weithin umstritten, weil es verschiedene Abschätzungen der Hubble-Konstanten (der Beziehung zwischen Rotverschiebung und Entfernung) gibt. Hubble hatte seinerzeit 530 km pro Sekunde je Megaparsec angenommen.[139] Die Revision der Skala für nahegelegene Galaxien und weitere Ausdehnungen der Messungen zeigten aber, daß dieser Wert fünfmal zu groß war. Jetzt neigt die astronomische Literatur zu Werten, die irgendwo zwischen 50 und 100 km pro Sekunde je Megaparsec liegen.

Vielleicht ist es heilsam, an eine Bemerkung zu erinnern, die Allan Sandage, der zu einer Gruppe hervorragender Astronomen zählte, die während der letzten Jahrzehnte intensiv an diesem Problem gearbeitet haben, bei einer Vorlesung im Jahr 1971 gemacht hat. Er beanspruchte für neue Messungen, die er gemacht hatte und die einen Wert von 55 km pro Sekunde je Megaparsec ergeben hatten, eine Genauigkeit von 15%. Dabei sagte er: „Es ist ernüchternd und der bessere Teil der Weisheit, daran zu erinnern, daß vor nurmehr zwanzig Jahren der Wert der Hubble-Konstanten zu 530 km pro Sekunde je Megaparsec angenommen wurde, wobei man auch eine Genauigkeit von 15% konstatierte."[140] Was die größte Entfernung angeht, bis zu der die modernen Teleskope in den Raum vorstoßen, so lautet vielleicht die einzige Antwort, die der Prüfung der Zeit standhalten wird, „viele Milliarden Lichtjahre". Vor zweitausend Jahren berechnete Poseidonios die Entfernung der Sonne von der Erde. Seine Schätzung erbrachte ungefähr die Hälfte des richtigen Wertes. Es ist unwahrscheinlich, daß wir heute die Entfernungen vieler derjenigen Objekte, die mit modernen Teleskopen untersucht werden können, mit dem gleichen Genauigkeitsgrad kennen. Tatsächlich führen uns Beobachtungen mit heutigen astronomischen Instrumenten in Bereiche des Universums, wo der Begriff der Entfernung Sinn und Bedeutung verliert und das Ausmaß, in dem dieses Vordringen die vergangene Geschichte des Weltalls enthüllt, zu einem viel bedeutsameren Thema wird.

12. Der Raum und das Universum Einsteins

Seit alten Zeiten hat der Mensch über die Natur des Raumes und die Existenz eines Vakuums disputiert. In der ersten Hälfte des fünften Jahrhunderts v. Chr. hat Parmenides eine Art metaphysisch logischer Argumentation entwickelt, die bei Anwendung auf das Problem der Existenz eines Vakuums zu vielen philosophischen Erörterungen Anlaß gegeben hat. In seiner *Ontologie* tut Parmenides den etwas dunklen Ausspruch: „Dasselbe aber ist Denken und des Gedankens Gegenstand. Denn du kannst das Denken nicht ohne das Seiende antreffen, in dem es ausgesprochen ist.“ Dies hat man in dem Sinne verstanden, daß es keinen Gedanken geben kann, der einem Namen entspricht, sofern nicht dieser Name etwas Reales ist. Damit kommt man unmittelbar zu der Anschauung, daß es keine Veränderung geben kann; denn Veränderung bedeutet, daß Dinge entstehen oder vergehen. Parmenides versichert: „... das Nichtseiende kannst du weder erkennen (denn das ist unmöglich) noch aussprechen. Denn [nur] ein und dasselbe kann gedacht werden und sein.“

Leukippos, dessen Blütezeit um 430 oder 440 v. Chr. lag, suchte die Argumente des Parmenides mit der augenscheinlichen Gewißheit zu vereinbaren, daß es Bewegung und Veränderung gibt. So räumte er ein, daß es ohne Leere keine Bewegung geben könne. Es sah so aus, daß man entweder die Unveränderlichkeit der Welt zugeben mußte oder die Existenz eines Vakuums anzuerkennen hatte. Der Gedankengang des Parmenides, wonach es keine Leere geben könne, schien logisch unwiderlegbar zu sein. Diese Meinung wurde noch weiter bestärkt, als man entdeckte, daß überall dort, wo es einen leeren Raum zu geben schien, in Wirklichkeit Luft vorhanden war. So stellte Parmenides die antiken Philosophen vor ein überaus schwieriges Problem; denn wenn man die Existenz eines Vakuums zugab, war die logische Antwort: wenn es das Vakuum gibt, ist es nicht nichts und folglich nicht leer.

Den Ausweg aus diesem Dilemma fand Aristoteles, indem er den Unterschied zwischen Raum und Materie betonte. In seiner *Physik* erklärte er: „Die Theorie, daß das Leere existiert, schließt die Existenz des Raumes ein; denn man könnte die Leere als des Körpers entkleideten Raum definieren.“ Die aristotelische Hervorhebung der Bedeutung des Unterschiedes zwischen Raum und Materie und des Raumes als eines Behältnisses, in dem es Materie geben könnte oder auch nicht, wurde eine für lange Zeit allgemein einleuchtende Meinung. Im Gegensatz zu anderen Teilen der Physik und Astronomie des Aristoteles überlebte sie die physikalische und kosmologische Revolution der Epoche von Copernicus und Galilei. Diese fundamentale Auffassung des Aristoteles war in der Theorie Newtons mit enthalten; denn Newton operierte ohne Umschweife eindeutig mit der Existenz des absoluten Raumes und der absoluten Bewegung in diesem Raume.

Indessen gab es eine entscheidende Differenz zwischen den großmaßstäblichen Kosmologien von Aristoteles und Newton. Aristoteles bestritt die Existenz unendlich ausgedehnter Phänomene mit der Begründung, das Weltall wäre endlich und außerhalb desselben könnte nichts existieren. Im Gegensatz dazu führte die Mathematik Newtons bei der Definition des Gesetzes der der Entfernung quadratisch umgekehrt proportionalen Anziehungskraft zwischen zwei Körpern zu der Forderung einer unendlichen Ausdehnung des Weltalls, damit dessen Stabilität gewahrt blieb. (Newtons klare Äußerung hierzu in seinem Brief an Bentley 1682 ist im 9. Kapitel zitiert worden.) Das Weltall Newtons war unendlich, und die Eigenschaften eines Körpers waren von dem absoluten Raum unabhängig, in dem er existierte. Ferner war es für Newton klar, daß Materie und Raum von Gott geschaffen waren und daß Er die Bewegungen der Teile zu Anfang in Gang gebracht hatte. Diese seine Ansicht machte Newton in seinem Werk *Opticks* deutlich:

„Wenn man all diese Dinge erwägt, so erscheint mir einleuchtend, daß Gott im Anfang die Materie in festen, massiven, harten, undurchdringlichen Partikeln solcher Größen und Gestalten geformt hat, und mit solchen anderen Eigenschaften und in solcher Proportion zum Raum, wie es am meisten dem Zweck gemäß war, auf den hin Er sie geformt hat ... Ferner scheint mir, daß diese Partikel nicht nur eine *Vis inertiae* (Trägheitskraft) hatten mit solchen passiven Bewegungsgesetzen, wie sich natürlicherweise aus jener Kraft ergibt, sondern daß sie durch gewisse aktive Prinzipien bewegt werden, so wie das der Schwerkraft eines ist.“[141]

Newtons Universum erschien logisch vollständig. Die Erstreckung des Weltalls bis in die Unendlichkeit machte zusammen mit der Unmöglichkeit, die Entfernung auch der allernächsten Sterne zu bestimmen, den Eindruck einer vernünftigen und allgemein einleuchtenden Theorie. Besonders wirksam war die Aussage, daß es einen unendlichen Raum geben müsse, um die unendliche Anzahl von Körpern im Universum zu fassen. In den *Principia* schrieb Newton, der Raum „in seinem eigenen Wesen, bleibt, ohne Rücksicht auf irgend etwas außerhalb, immer ähnlich und unbeweglich.“ Diese Ansicht und die darauf beruhende Kosmologie blieben zweieinhalb Jahrhunderte lang gültig.

Obwohl also Newtons Anschauungen über den absoluten Charakter von Raum und Bewegung anerkannt waren, gab es doch wichtige Gegenargumente. Vor allem Leibniz vertragt gegenteilige Meinungen und nahm in gewisser Weise einen Raumbegriff vorweg, der mehr als zweihundert Jahre später durch Einstein in Erscheinung treten sollte. In seiner

Monadologie und den *Principes de la nature et de la grâce* bestreitet Leibniz die Realität des Raumes. Er glaubte nicht, daß das Universum eine begrenzte Menge von Substanzen enthielte, die eine konventionelle „Ausdehnung“ im Raum hätten. Vielmehr meinte er, Substanz wäre aus einer unendlichen Menge von Monaden zusammengesetzt. Eine Monade hätte einige der Eigenschaften eines physikalischen Punktes und wäre mit nichtphysikalischen Eigenschaften ausgestattet. Auf jeden Fall hielt Leibniz den Raum nur im dreidimensionalen Arrangement der Monaden für existent. Später entwickelte Kant in seiner *Kritik der reinen Vernunft* eine Lehre von Raum und Zeit, die wieder jede Idee eines absoluten, unabhängig existierenden Raumes zugunsten einer metaphysischen und transzendentalen Vorstellung aufgab.

Schon früh im achtzehnten Jahrhundert hatte Berkeley in einer bedeutsamen Äußerung den vollkommen subjektivistischen Standpunkt vertreten. In *The Dialogues* (1713) und *De motu* (1721) hat er Newtons objektive Einstellung weitgehend verworfen. Er schrieb: „Jeder Ort ist relativ, jede Bewegung relativ. Wenn alle Körper vernichtet werden, bleibt uns rein gar nichts übrig; denn man erkennt sofort, daß alle Eigenschaften, die man dem leeren Raum zuschreibt, verneinend oder negativ sind mit Ausnahme seiner Ausdehnung. Aber diese kann, wenn der Raum buchstäblich leer ist, weder beschrieben noch gemessen werden, so daß sie auch effektiv nichts ist.“ Bei seiner Widerlegung von Newtons Ideen einer absoluten Bewegung zog Berkeley dessen Erklärung der Bewegung einer Flüssigkeit in einem aufgehängten Zylinder heran. Wenn ein Zylinder, in dem sich eine Flüssigkeit befindet, aufgehängt ist, so kann man ihn und dann die Flüssigkeit in Rotation versetzen. Wird der Zylinder dann festgehalten, so rotiert die Flüssigkeit im Innern noch weiter, bis sie durch Reibung zur Ruhe kommt. Newton schrieb dazu: „Wird der äussere Cylinder durch eine Kraft festgehalten, so bestrebt er sich, die Bewegung der

Flüssigkeit zu verzögern, und wenn nicht eine von außen her beigebrachte Kraft den inneren Cylinder in seiner Bewegung erhält, wird jener ein allmähliches Aufhören derselben bewirken."[142]

Newton diente dies als ein Beispiel für reale oder absolute Rotation. Berkeley kam dabei zu dem entgegengesetzten Schluß: daß nämlich die Rolle des Zylinders nur darin bestünde, die Flüssigkeit zu halten und ein Mittel zur Ingangsetzung der Rotation abzugeben. Er glaubte, die Rotation des ganzen Sternsystems, relativ zu der Flüssigkeit in dem Zylinder, steckte mit in der Rotation der Flüssigkeit und die Vorstellung einer absoluten Bewegung wäre ungültig.

Ungeachtet dieser philosophischen Angriffe auf Newtons Position hat keine Entwicklung der Kosmologie oder Mathematik seine Gesetze der Bewegung und Gravitation in Frage gestellt bis in die frühen Jahre des zwanzigsten Jahrhunderts, als Einstein die Spezielle und Allgemeine Relativitätstheorie aufstellte. Es herrschte wirklich eine gewisse Beunruhigung hinsichtlich der Konzeption der absoluten Parameter in der Theorie Newtons. Eigenartigerweise scheint man sich aber Sorge gemacht zu haben um die Probleme, die in der Newtonschen Kosmologie durch die Notwendigkeit eines unendlichen Universums aufgeworfen wurden. Eddington bemerkte in seinen Tarner-Vorlesungen 1938, als die Probleme des Raums durch Einsteins Allgemeine Theorie revolutioniert worden waren, „gewöhnlich betrachten wir den unendlichen euklidischen Raum als die einfachste Art von Raum, die man sich vorstellen kann. Man hätte meinen mögen, daß die Unendlichkeit eher ein ernstes Hindernis für die Vorstellung sein würde; aber die meisten Leute schaffen es, sich einzureden, daß sie diese Schwierigkeit überwunden hätten; sie erklären sich sogar für völlig außerstande, einen Raum ohne Unendlichkeit sich vorzustellen."[143]

Nicht die Schwierigkeiten mit der Unendlichkeit in Newtons Kosmologie, sondern die Probleme des absoluten Raumes, der absoluten Zeit und der absoluten Bewegung führten schließlich zur Verwerfung dieser Kosmologie. Als Einstein in Zürich studierte (er begann sein vierjähriges Studium im Oktober 1896), wurde dort auf dem internationalen Mathematikerkongreß von Henri Poincaré eine Arbeit vorgelesen. Darin sagte Poincaré: „Absoluter Raum, absolute Zeit, nicht einmal euklidische Geometrie sind Bedingungen, die der Mechanik auferlegt werden müssen; man kann das, was sie tatsächlich miteinander verknüpft, in Begriffen des nichteuklidischen Raumes ausdrücken." Einige Jahre zuvor (1883) war Machs Hauptwerk *Die Mechanik in ihrer Entwicklung historisch-kritisch dargestellt* erschienen. Ernst Mach war 1838 in Mähren geboren und wurde nach verschiedenen Verpflichtungen in Graz und Prag Professor der Physik in Wien. Wenn sein Name heute auch durch die beim Hochgeschwindigkeitsflug eine Rolle spielende Machzahl bekannt ist, so hatte sein Werk doch eine noch tiefere Wirkung auf die Entwicklung der Philosophie und Naturwissenschaft. Er beschäftigte sich mit der Physiologie und Psychologie der Sinne und vertrat den Standpunkt, daß physikalische Phänomene allein aufgrund der Sinneswahrnehmungen erklärt werden könnten. In seiner *Mechanik* diskutierte Mach die Newtonschen Gesetze und erklärte, daß sie kein selbstevidentes Prinzip enthielten, und daß insbesondere absoluter Raum und absolute Zeit sinnlos wären, da sie keineswegs durch Beobachtungen definiert werden könnten. In weiterer Ausgestaltung der 150 Jahre früher von Berkeley ausgesprochenen Gedanken betonte Mach, daß ein Körper nie im absoluten Sinne beschleunigt werden könnte, sondern daß die Beschleunigung stets relativ zu den Sternen erfolgen müßte: „Wenn wir sagen, daß ein Körper seine Richtung und Geschwindigkeit im *Raum* unverändert beibehält, dann bezieht sich diese Behauptung nur in mehr oder weniger verkürzter Form auf *das ganze Universum.*"

Das ganze um diese Fragen errichtete Gedankengebäude wurde durch zwei Arbeiten von Einstein grundlegend verändert. Die erste erschien 1905 in den *Annalen der Physik*.[144] Sie behandelte die Frage der gleichförmigen oder nicht beschleunigten Bewegung. In den *Principia* hatte Newton geschrieben: „Die absolute, wahre und mathematische Zeit verfliesst an sich und vermöge ihrer Natur gleichförmig, und ohne Beziehung auf irgend einen äussern Gegenstand“[145]; und „Der absolute Raum bleibt vermöge seiner Natur und ohne Beziehung auf einen äussern Gegenstand, stets gleich und unbeweglich.“[146] Der Kern von Einsteins Arbeit aus dem Jahre 1905 bestand darin, daß sich Raum und Zeit in bewegten und ruhenden Systemen relativ von einander unterscheiden. Eine bewegte Uhr geht langsamer im Vergleich mit einer ruhenden; ein bewegter Maßstab schrumpft gegenüber einem ruhenden; die Lichtgeschwindigkeit im Vakuum ist aber konstant und sie ist die Grenzgeschwindigkeit im Weltall. Die vielen einzelnen Umstände, die Einstein zu diesen Schlußfolgerungen geführt haben, einschließlich des Null-Resultats des Michelson-Morley-Experiments, sowie die mannigfaltigen Konsequenzen der Speziellen Theorie, einschließlich der Äquivalenz von Masse und Energie, sind im Laufe unseres Jahrhunderts Gegenstand einer überaus umfangreichen Literatur gewesen.[147] Hinsichtlich der *Realität* der von der Speziellen Theorie vorausgesagten Effekte hat die materielle Welt zwingendes Beweismaterial geliefert. Bei einer reinen Messung bleibt die Größe unbestimmt, solange nicht der Beobachter spezifiziert ist. „Wer mit dem Resultat das geistige Bild irgendeines Wesens verbindet, welches sich in einem metaphysischen Existenzbereich tummelt, tut dies auf eigene Gefahr; die Physik kann für eine solche Ausschmückung keine Verantwortung übernehmen.“[148]

Die Erweiterung der Speziellen Theorie, die es mit gleichförmiger Bewegung zu tun hatte, auf das Problem beschleunigter Körper hat Einstein von 1907 bis 1915 beschäftigt.

Eine Reihe von Publikationen während dieser Jahre gipfelte in seinen 1916 in den *Annalen der Physik* erschienenen „Grundlagen der Allgemeinen Relativitätstheorie". Das Problem der Unterscheidung zwischen schwerer Masse und träger Masse eines Körpers hatte es seit der Verkündung der Newtonschen Gesetze gegeben. Mit der schweren Masse haben wir es zu tun, wenn wir die Anziehungskraft zwischen zwei Körpern berechnen. In seinem zweiten Gesetz erklärte Newton, daß die Beschleunigung eines Körpers von der auf ihn ausgeübten Kraft abhängt sowie von einer anderen Eigenschaft, die er die „Quantität der Materie" nannte, die der Körper besitzt, also die träge Masse; wobei die Trägheit des Körpers sein Widerstand gegenüber der Bewegung ist. In der Weise, wie Newton seine Gesetze formulierte, sind schwere Masse und träge Masse eines Körpers verschiedene Dinge. Und da ferner die schwere Masse die auf einen anderen Körper ausgeübte Kraft bestimmt, während die träge Masse ein Maß für den Widerstand ist, den der Körper der Bewegung entgegensetzt, scheinen die Funktionen dieser beiden Eigenschaften eines Körpers völlig verschieden zu sein. Problematisch wurde es dadurch, daß weder Newton noch einer seiner Nachfolger in der Lage war, irgendeinen Unterschied zwischen diesen beiden Größen zu messen oder experimentell zu entdecken. So hat zum Beispiel Bessel im Jahre 1840 bewiesen, daß träge und schwere Masse eines Körpers bis auf ein Einhundertmillionstel einander gleich waren.

Das Problem wird noch weiter deutlich an zwei verschiedenen Methoden, mit denen die Rotationsgeschwindigkeit der Erde bestimmt werden kann. Man kann ohne Bezug auf die äußere Umgebung der Erde eine dynamische Bestimmung durchführen durch ein Gyroskop oder ein Foucault-Pendel. Andererseits kann man durch Beobachtung eines entfernten Sterns auch die Rotationsgeschwindigkeit der Erde messen. Beide Verfahren führen zum gleichen Ergebnis.

Solche Übereinstimmung kam in Machs Prinzip zum Ausdruck, wonach das lokale Bezugssystem der Trägheit durch einen Mittelwert der Bewegungen entfernter Objekte im Weltall bestimmt werden muß. Dies besagt auch: während die Schwerewirkung eines Körpers nur durch dessen eigene Eigenschaften bestimmt wird, wird die Größe der Trägheit eines Körpers durch die Massen im Weltall und deren Verteilung bestimmt. Falls Machs Prinzip zutrifft, muß das Verhältnis dieser beiden Effekte (die Gravitationskonstante) Information über das gesamte Universum enthalten. Dadurch gewinnt die Allgemeine Relativitätstheorie für die Kosmologie fundamentale Bedeutung. So hat auch Einstein, als er die kosmologischen Konsequenzen der Allgemeinen Theorie entwickelte, geschrieben: „In einer konsequenten Relativitätstheorie kann es keine Trägheit gegenüber dem ‚Raume' geben, sondern nur eine Trägheit der Massen gegeneinander. Wenn ich daher eine Masse von allen anderen Massen der Welt räumlich genügend entferne, so muß ihre Trägheit zu Null herabsinken."

In der Mathematik der Allgemeinen Theorie suchte Einstein die Felder der Schwerkraft und der Trägheit zu vereinen, um Machs Prinzip auszudrücken. Er war insoweit erfolgreich, als die Gleichungen einen Einfluß massiver Körper auf die Trägheit anderer Körper einbegreifen. Nichtsdestoweniger kam es zu Schwierigkeiten bei der Hereinnahme des Machschen Prinzips, weil die Gleichungen zwar den Einfluß, aber nicht die gesamte Ursache der Trägheit ausdrückten, da die Grenzbedingungen in der Unendlichkeit nicht festgelegt waren. Da Einstein es unmöglich fand, Grenzbedingungen so zu wählen, daß die Trägheitseffekte voll determiniert waren, führte er eine Konstante ein (die kosmologische Konstante) als Faktor für die Terme des Trägheitsfeldes in der Gleichung. Diese kosmologische Konstante hatte die Dimension des reziproken Quadrats einer Länge. Bei einem positiven Wert dieser Konstante gelang es Einstein, eine Lösung der Gleichung zu finden für ein Universum mit gleichförmiger Materiedichte, Zufallsgeschwindigkeiten Null und einem Raum, der so gekrümmt war, daß er unbegrenzt aber endlich sein mußte. Damit waren die Schwierigkeiten im Unendlichen beseitigt; und da Einstein glaubte, mit der positiven kosmologischen Konstante gäbe es keine Lösungen der Gleichungen für einen leeren Raum, meinte er, Machs Prinzip wäre voll in der Theorie enthalten. Zu jener Zeit glaubte man, alle gemessenen Geschwindigkeiten wären klein im Vergleich mit der des Lichts, und das Weltall wäre ein statisches Gebilde. Daher kam Einstein zu dem Schluß, daß seine Gleichungen das Universum in einer ersten Näherung darstellten.

Die darauf folgende Entwicklung der theoretischen und beobachtungsbezogenen Kosmologie im Laufe der nächsten Reihe von Jahren stellt ein höchst denkwürdiges Kapitel der Geschichte der Astronomie dar. Wenige Monate nach dem Erscheinen von Einsteins Arbeit im Jahre 1917 zeigte Willem de Sitter in Leiden, daß es noch eine weitere Lösung der Einsteinschen Gleichungen für ein leeres Universum gibt. „Einsteins Lösung der Gleichungen enthält die Existenz einer ‚Weltmaterie', die das ganze Universum erfüllt... Es ist indessen auch möglich, den Gleichungen zu genügen ohne diese hypothetische Weltmaterie."[150] Ferner zeigte de Sitter, daß dieses Universum nur dann statisch sein würde, wenn es keine Materie enthielte; und daß hypothetische Probeteilchen, die man in dieses Universum einbrächte, mit zunehmender Geschwindigkeit sich von einander entfernen müßten. De Sitter: „alle diese Resultate klingen sehr seltsam und paradox", und „wir können somit sagen, daß alle die paradoxen Phänomene (oder vielmehr die Verneinung von Phänomenen), die oben aufgeführt wurden, nur nach dem Ende oder vor dem Anfang der Ewigkeit eintreten können." Bei aller Wunderlichkeit seiner Folgerungen bewies de Sitter doch die wichtige Tatsache, daß Einstein im Irrtum war, wenn er gemeint hatte, durch Einführung der kosmologischen Konstanten ein singuläres Modell für das Universum entdeckt zu haben, welches das Machsche Prinzip mit einbezog.

Wenige Jahre nach dem Erscheinen von de Sitters Arbeit gerieten Beobachtungsfunde aus den Messungen von Slipher und Hubble mit der Vorstellung eines statischen Universums in Konflikt (siehe Kapitel 11). Diese Entwicklung reizte dazu, theoretische Lösungen für die Gleichungen der Allgemeinen Relativitätstheorie zu suchen, die zwischen dem statischen Universum Einsteins, das Materie enthielt, und dem leeren Universum de Sitters lagen, das Bewegung ohne Materie bot. Man behauptete, die Materiedichte im Weltall müßte auf jeden Fall sehr gering sein, so daß also Lösungen nahe der von de Sitter gefundenen existieren müßten. Diese Lösungen fand vier Jahre später der russische Mathematiker A. Friedmann. Er zeigte, daß es eine ganze Familie kosmologischer Modelle für das Weltall gab, die auf der Allgemeinen Relativitätstheorie beruhten und in denen die mittlere Materiedichte sich mit der Zeit änderte. Zahlreiche Theoretiker haben dann die vielen, aufgrund von Einsteins Allgemeiner Theorie möglichen Kosmologien untersucht und weiterentwickelt. In jenen Jahren, da Hubbles Beobachtungen die Vorstellung eines expandierenden Universums praktisch nahelegten, waren die theoretischen Arbeiten von G. Lemaître, A. S. Eddington und H. P. Robertson von großer Bedeutung.

Die verschiedenen aus der Allgemeinen Relativitätstheorie abgeleiteten Weltmodelle haben den Charakter eines Universums, bei dem im Laufe der Zeit der Radius zunimmt und die mittlere Dichte abnimmt. Allen gemeinsam ist das Problem eines singulären Zustandes zur Zeit Null, der physikalisch eine unendlich hohe Dichte zu Anbeginn bedeutet. Das auf diesen Anfang folgende Verhalten hängt von den Annahmen ab, die man hinsichtlich der Konstanten in den Gleichungen macht. Wenn die mittlere Dichte einen kritischen Wert übersteigt, werden die Gravitationskräfte schließlich die Kräfte der Expansion besiegen, und das Universum bricht zusammen. Falls nicht, wird die Expansion unendlich lange weitergehen, entweder gleichmäßig oder in einem allmählich sich der Null nähernden Tempo, wenn der Radius gegen unendlich geht. Prinzipiell müßte die tatsächliche Beobachtung des Universums eine Unterscheidung ermöglichen zwischen den mannigfaltigen, in den relativistischen Theorien enthaltenen Weltmodellen. Für die moderne Kosmologie ist bezeichnend, daß über diese Fragen ständig und ohne Entscheidung diskutiert wird.

13. Das Alter des Weltalls

Als Hubble 1935 an der Yale-Universität seine Silliman-Vorlesungen hielt, schätzte er, daß das Weltall im Durchschnitt einen extragalaktischen Nebel in je $5 \cdot 10^{18}$ Kubiklichtjahren Volumen enthielte. In Anbetracht der Grenzgröße, die das hundertzöllige Teleskop auf dem Mt. Wilson erfassen konnte, hielt er es für möglich, 500 Millionen Lichtjahre weit in den Raum vorzudringen: „Die Grenzgröße entspricht einer mittleren Entfernung von 500 Millionen Lichtjahren. In einer Kugel von diesem Radius kann man etwa 100 Millionen Nebel annehmen.“[151] In seinem Vorwort zu der Auflage dieser Vorlesungen von 1958 kam Allan Sandage darauf zu sprechen, welches Material sich seit damals (1935) für eine Revision der Entfernungsskala Hubbles angesammelt hatte, in dem Sinne, daß eine Vergrößerung derselben um einen Faktor zwischen 5 und 8 naheläge.

Wenn man moderne Werte für diese Skala einsetzt, so liefe das darauf hinaus, daß innerhalb des Beobachtungshorizonts eines Teleskops, das größenordnungsmäßig vier Milliarden Lichtjahre weit reicht, einige hundert Millionen extragalaktische Systeme sein müßten. In einer neueren Durchmusterung mit einem der modernsten Teleskope der Welt,[152] das Objekte verzeichnet, die etwas schwächer sind als Hubbles Grenzwert, wurde jene Schätzung von 100 Millionen Galaxien angeführt als die Anzahl der im Blickfeld liegenden Objekte. Es zeigte sich, daß bei dieser Empfindlichkeitsgrenze die Zahl der beobachtbaren Galaxien immer noch um das Zweifache oder Dreifache je Größenklasse anwuchs. Wir wissen nicht, wie weit sich diese Zunahme noch fortsetzen wird, wenn die Beobachtungstechnik noch schwächere Objekte zu registrieren gestattet. Man glaubt, daß die allergrößten modernen Teleskope, wie der Fünfmeterspiegel auf dem Mt. Palomar (das zweihundertzöllige Hale-Teleskop) und das sowjetische Instrument mit einem Spiegel von sechs Metern Durchmesser im nördlichen Kaukasus, unter Einsatz moderner elektronischer Verfahren in der Lage sind, noch Objekte der sehr schwachen 25. Größenklasse zu erfassen. Damit liegen wohl 500 Millionen bis zu einer Milliarde extragalaktischer Objekte innerhalb der Beobachtungsgrenzen unserer modernen irdischen Teleskope. Wenn Mitte der achtziger Jahre die amerikanische Raumfähre das große Weltraumteleskop in eine Umlaufbahn bringt, werden die Behinderungen durch die Erdatmosphäre wegfallen, und eine weitere Empfindlichkeitssteigerung ist zu erwarten. Für die Kosmologie ist es eine Frage von fundamentaler Bedeutung, ob die Anzahl der beobachtbaren Objekte mit dieser wachsenden Empfindlichkeit weiter zunehmen wird.

Immer, wenn man das Spektrum eines dieser entfernten Objekte bestimmt, zeigt es sich, daß die identifizierbaren Linien eine Zunahme der Wellenlänge erkennen lassen. Diese Verschiebung zum Roten verstehen nahezu alle praktisch tätigen Astronomen als einen kosmologischen Effekt, der durch die Expansion des Weltalls zustandekommt. Überdies gibt es auch bei extremer Reichweite der Beobachtungen immer noch kein eindeutiges Kennzeichen für eine irgendwie bedeutsame Abweichung von der linearen Beziehung zwischen Rotverschiebung und Entfernung, wie sie Hubble zuerst festgestellt hat. Diese Beziehung – die sogenannte Hubble-Konstante – kommt zum Ausdruck als das Verhältnis zwischen der gegenseitigen Entweichgeschwindigkeit der Galaxien und der Entfernung zwischen ihnen. Hubble hatte für die Konstante einen Wert von 530 Kilometer pro Sekunde je Megaparsec errechnet; aber heute nimmt man an, daß sie zwischen 50 und 100 km/Sek./Mpc liegt (siehe Kapitel

11). Falls dieser kosmologische Effekt bedeutet, daß sich das Weltall aus einem kompakteren Zustand heraus entfaltet, wie auch die theoretischen, auf den Gleichungen der Allgemeinen Relativitätstheorie fußenden Weltmodelle erwarten lassen, dann kann man in der Zeit rückwärts extrapolieren, wann die Expansion begonnen hat. Dieser, zwischen dem Beginn der Expansion und der Gegenwart liegende Zeitraum heißt die Hubble-Zeit.[153] Wenn das Tempo der Expansion seit Anbeginn gleich geblieben ist, ist die Hubblezeit zugleich auch das Alter des Weltalls. Falls das Tempo anfangs größer war, ist das Alter der Welt kleiner als die Hubblezeit. Da man noch keinen sicheren Hinweis für eine solche Verlangsamung innerhalb kosmischer Zeiträume gefunden hat, die als eindeutiger Beweis für eine Abweichung der Beziehung zwischen Rotverschiebung und Entfernung hätte erkennbar sein müssen, darf die Hubblezeit als Maß für das Alter des Universums gelten.[154]

Der ursprüngliche Wert von 530 Kilometern pro Sekunde je Megaparsec führte auf eine Hubblezeit von der Größenordnung zwei Milliarden Jahre. Das ergab ernste Schwierigkeiten, wenn man das beobachtete Weltall im Rahmen der evolutionären Modelle der Allgemeinen Relativitätstheorie verstehen wollte, weil das Alter der Erde und auch der Sonne und Milchstraßensterne auf viel mehr als zwei Milliarden Jahre geschätzt wurde. Danach wurden die Entfernungsskalen und der Wert der Hubblekonstante wiederholt korrigiert. Jetzt nimmt man für die Hubblezeit zehn bis zwanzig Milliarden Jahre an. Immerhin wirkte der scheinbare Widerspruch zwischen dem Alter des Universums und dem Alter der Sterne bis 1952, als eine größere Berichtigung diesen Widerspruch beseitigte, sehr anregend auf die Entwicklung einer nicht evolutionären Kosmologie, bei der der Begriff eines Alters des Weltalls seinen Sinn verlor.

Diese Theorie wurde 1948 von Bondi und Gold aufgestellt[155] und durch Fred Hoyle mittels einer Modifikation der Feldgleichungen der Allgemeinen Relativitätstheorie mathematisch formuliert. Sie suchte eine logischere Lösung des kosmologischen Problems, als die konventionellen Weltmodelle der Allgemeinen Relativitätstheorie zu bieten hatten. Sie wurde als die Theorie des Dauerzustandes oder der ständigen Schöpfung bekannt und vermied das Problem einer singulären Entstehung der Welt in ferner Vergangenheit durch Verkündung des „perfekten kosmologischen Prinzips", wonach das Universum in großem Maßstab ein hohes Maß an Gleichförmigkeit nicht nur im Raum, sondern auch in der Zeit aufweisen sollte. Weil durch die Expansion des Weltalls Galaxien schließlich das Gesichtsfeld des Beobachters verlassen müssen, schlug die Theorie vor, daß ständig neue Materie erschaffen würde genau in dem Tempo, das nötig ist, um neue Galaxien entstehen zu lassen, so daß das Weltall in großem Maßstab immer einen unveränderten Eindruck machen würde. Ferner wurde logischerweise durch diese Theorie das Problem des Ursprungs oder der Schöpfung in den Bereich physikalischer Forschung gerückt – im Gegensatz zu den evolutionären Theorien, bei denen der Anfang eine metaphysische Konzeption war, die sich immer physikalischer Forschung oder Beobachtung entzieht.

Auch nachdem 1952 die evolutionären Theorien von der schwierigen Frage nach dem Alter der Welt entlastet waren, blieben diese wichtigen Merkmale der Theorie vom Dauerzustand erhalten. Die Vorstellung einer kontinuierlichen Schöpfung befriedigte die durch die Entwicklung von Galaxien und die kosmologische Expansion des Universums gestellten Bedingungen, nahm dabei aber für die unveränderte Struktur des Weltalls im Großen eine unendliche Vergangenheit und unendliche Zukunft an. Mehr als zwei Jahrzehnte nach Aufstellung dieser Theorie entbrannte einer der heftigsten Konflikte in der Geschichte der Astronomie. Die Konzeption vom Dauerzustand hatte den großen Vorzug, spezifische Aussagen über die Verhältnisse im Universum zu machen, die durch Beobachtungen nachgeprüft werden konnten. Wenn man zum Beispiel das Weltall beobachten könnte, wie es in weiter Vergangenheit existierte, dann wären die Angaben über die Anzahl von Galaxien je Volumeneinheit im Vergleich mit dem gegenwärtigen Wert deutlich anders. Bei der Theorie vom Dauerzustand sollte sich diese Zahl zu keiner Zeit in der Geschichte des Universums ändern. Dagegen lassen evolutionäre Modelle ein dichter gepacktes Weltall in früheren Epochen erwarten. Mit der Entwicklung der Radioastronomie und bei verbesserten Beobachtungsverfahren wurde es möglich, in der erforderlichen Weise in weit zurückliegende Epochen des Universums vorzudringen, so daß Zählungen von Objekten diese Differenzen erkennen lassen müßten. Indessen waren die Unsicherheiten bei der Beobachtung doch zu groß, als daß sich eine einheitliche Meinung hätte bilden können. Daher fuhren beide Seiten fort, die Beobachtungen im Sinne dessen zu interpretieren, dem sie den Vorzug gaben.

Es ist zweifelhaft, ob irgendein Astronom bei diesem Disput das Lager gewechselt hat, bis 1965 ein völlig neuer Wesenszug des Weltalls entdeckt wurde. Damals erhielten Forscher der Bell Telephone Laboratories und der Princeton-Universität in New Jersey durch Beobachtungen den Hinweis auf einen Frühzustand des Universums, dessen Anfang eine Kondensation gewesen zu sein schien.[157] A. A. Penzias und R. W. Wilson setzten ein Radioempfangssystem auf sieben Zentimetern Wellenlänge in Betrieb, das eigentlich für Versuche zur Nachrichtenübermittlung im Weltraum gedacht war. Dabei entdeckten sie eine Hintergrundstrahlung, die bis auf wenige Prozent gleichmäßig über den ganzen Himmel verteilt war. Sie deuteten diese als eine Reststrahlung des heißen Anfangszustandes des Universums und erhielten damit rasch weithin Zustimmung. Die absolute Temperatur der Strahlung eines entsprechenden Schwarzen Körpers errechneten sie zu 3,5 Kelvin (später auf 2,7 K korrigiert). Offenbar war diese Strahlung entstanden, als die Temperatur des Universums sehr hoch war, und hatte sich während fast der ganzen Entwicklungsphase des Weltalls (siehe Kapitel 14) im Raum ausgebreitet. Die heute beobachtete Temperatur von 2,7 K paßt zu einer Rotverschiebung der Strahlung, wie sie der kosmologischen Expansion des Universums entspricht.

Obwohl alternative Vorschläge hinsichtlich des exakten Zeitraums in der frühen Entwicklungsphase, während der die Strahlung ausgesandt wurde, gemacht worden sind, konnte nichts Annehmbares an die Stelle der Grundthese gesetzt werden, wonach diese Strahlung bezeugt, daß sich das Weltall vor vielen Jahrmilliarden bei sehr hoher Temperatur in einem stark kondensierten Zustand befunden haben muß. Daher dürfte die Entdeckung dieser Strahlung einen schlüssigen Beweis zugunsten der Allgemeingültigkeit evolutionärer, von der Relativitätstheorie abgeleiteter Weltmodelle darstellen. Sie steht in entschiedenem Gegensatz zur Vorstellung des Universums im Dauerzustand.

Angesichts dieses Beweismaterials für das evolutionäre Weltall hat man heute akzeptiert, daß die Hubblezeit ein Maß für die Zeit ist, seit der das Universum aus seinem ursprünglichen hochkondensierten Zustand heraus expandiert, und daß sie das Alter des Weltalls angibt, falls das Tempo der Expansion über diesen kosmologischen Zeitraum hin konstant geblieben ist. Die gegenwärtigen Schätzungen der Hubblezeit führen auf ein Weltalter zwischen zehn und zwanzig Milliarden Jahren. Bietet das Universum nun noch andere Züge, die es uns ermöglichen, diese Annahme zu bestätigen oder sogar noch weiter einzuengen?

Ein ergiebiges Forschungsgebiet könnte in dieser Hinsicht vielleicht die Beschäftigung mit dem Alter unserer lokalen Galaxis sein. Wir kennen nicht die Epoche der Entstehung von Galaxien im Zuge der Entwicklung des Universums; aber es ist höchst wahrscheinlich, daß Galaxien während eines verhältnismäßig kurzen Zeitraums ein paar hundert Millionen Jahre nach dem Beginn der Expansion entstanden sind. Also ist zu erwarten, daß Galaxien fast so alt sind wie das Weltall. Die ältesten Objekte in unserer Galaxis sind die kugelförmigen Sternhaufen; sowohl die Beobachtungen wie die modernen Theorien der Entstehung und Entwicklung von Sternen besagen, daß Kugelhaufensterne viel älter sind als Sterne in der Sonnenumgebung und in den Spiralarmen. Kugelhaufen enthalten einen großen Anteil von Sternen, die sich bis zum Stadium des Roten Riesen entwickelt haben. Das ist ein Prozeß, der nach den Berechnungen dann eintritt, wenn einige zehn bis fünfzehn Prozent des Wasserstoffs in Helium umgewandelt sind. In diesem Stadium bläht sich die Sternatmosphäre auf und kühlt ab, während sich das Sterninnere zusammenzieht und erhitzt, bis die thermonukleare Umwandlung von Helium einsetzt. Durch Beobachtungen kann man die Masse von Sternen abschätzen, die gerade diesen Zustand des Heliumbrennens in Kugelhaufen erreicht haben; und da das Tempo bekannt ist, mit dem der Wasserstoff verbraucht wurde, läßt sich das Alter dieser Sterne berechnen. Das ergibt für die Kugelsternhaufen ein Alter von zehn bis fünfzehn Milliarden Jahren – und damit auch für das Universum.[158]

Ein anderes wichtiges und für das Alter der Welt relevantes Forschungsgebiet ist das Alter der chemischen Elemente. Das Zerfallsmaß der natürlichen radioaktiven Elemente ist gut bekannt. Zum Beispiel beträgt die Halbwertszeit des Uran-Isotops 238 viereinhalb Jahrmilliarden und die des Uran-Isotops 235 siebenhundert Jahrmillionen. Alle natürlich vorkommenden radioaktiven Elemente stammen vom Thorium ab, dessen Halbwertszeit 13,9 Milliarden Jahre beträgt. Wenn man die Häufigkeitsverhältnisse bestimmt, liefern diese eine einzigartige „radiogene" Uhr seit dem Zeitpunkt der Entstehung der ersten Elemente. Seit 1957, als Burbidge, Burbidge, Hoyle und Fowler die Theorie der Bildung von Elementen im Innern von Sternen durch thermonukleare Umwandlung veröffentlichten, hat es hierüber eine reiche Diskussion gegeben.

Als sich unsere Galaxis aus dem urtümlichen Gas des sich entwickelnden Universums formte, gab es noch keine schweren Elemente. Als sich aber das Sonnensystem aus dem interstellaren Medium kondensierte vor etwa viereinhalb Milliarden Jahren, enthielt dieses Medium eine gewisse Menge an schweren Elementen. Diese waren im Innern der ältesten Sterne erzeugt worden und hatten sich durch verschiedene Prozesse, besonders Supernovaexplosionen, im ganzen interstellaren Medium verbreitet. Daher kann man durch Bestimmung des Häufigkeitsanteils schwerer Elemente in der Erdkruste oder in Meteoriten die Zeit herausbekommen, wann sie entstanden sind. Die Theorie der Supernovaexplosionen von Sternen erlaubt ferner eine Extrapolation, um abzuschätzen, wie lange es her ist, daß die Sterne aus dem urtümlichen Gas entstanden sind. Zu den jüngsten Arbeiten auf diesem Gebiet gehört das, was Fowler und seine Kollegen in Kalifornien gemacht haben, nachdem sie ein Computerprogramm entwickelten, das eine in sich zusammenstimmende Lösung für die mannigfaltigen komplizierten Ereignisse liefert, die da hineinspielen. Nach einem typischen Ergebnis dieser Berechnungen bildete sich die Galaxis vor etwa 10,8 Milliarden Jahren und im Laufe der nächsten 6 Milliarden Jahre mußte das Raumgebiet, in dem das Sonnensystem entstehen sollte, 97,3% von dessen schweren Elementen angesammelt haben. Man nimmt an, daß dann ein in verhältnismäßiger Nähe eingetretenes Ereignis, zum Beispiel die Explosion einer Supernova, die restlichen 2,7% an schweren Elementen beigesteuert hat.

160 Millionen Jahre danach bildete sich das Sonnensystem und entwickelte sich zu einem Zustand, bei dem die schweren Elemente in den Meteoriten, die wir heute untersuchen und messen festgehalten wurden. Nehmen wir dem-

nach für das Sonnensystem ein Alter von 4,6 Jahrmilliarden an, so ergibt sich das Alter des Universums zu den obigen 10,8 Jahrmilliarden zuzüglich 1,5 Jahrmilliarden vor der Entstehung der ersten Sterne. Damit kommen wir auf ein Weltalter von 12,3 Jahrmilliarden. Angesichts verschiedener Unsicherheiten in den Rechnungen schätzt Fowler, daß die Grenzen des Alters zwischen zehn und fünfzehn Milliarden Jahren liegen dürften.[159]

Es ist ein bemerkenswerter und recht erfreulicher Zug der modernen Kosmologie, daß die Zeitskalen für das Alter des Universums so gut übereinstimmen, wo sie doch auf völlig verschiedene Arten gewonnen wurden. So ergibt das Alter aus den Rotverschiebungen eine Hubblezeit zwischen zehn und zwanzig Milliarden Jahren, dagegen führen die Überlegungen zur Entstehung von Galaxien und vom Ursprung der schweren Elemente beide auf ein Alter zwischen zehn und fünfzehn Milliarden Jahren. Diese Zeiträume versetzen uns in eine Epoche, wo es im Weltall weder Sterne, noch Galaxien, noch auch schwere Elemente gegeben hat. Ihre gute Übereinstimmung legt einen logischen Zusammenhang nahe zwischen der kosmischen Expansion des Universums und der Entstehung von Sternen und Galaxien. Daraus wiederum, in Verbindung mit der Hintergrundstrahlung im Mikrowellenbereich, gewinnt die Annahme an Gewicht, daß sich das Universum aus einem singulären Zustand in weit zurückliegender Zeit entwickelt haben dürfte.

14. Anfang und Ende des Weltalls

Edwin Hubble, der im Laufe der zehn vorangegangenen Jahre den endgültigen Beweis für die Existenz extragalaktischer Nebel und für die Expansion des Weltalls gewonnen hatte, sagte am Ende seiner Silliman-Vorlesungen 1935 in der Yale-Universität:

„So enden unsere Forschungsreisen im Raum mit einem Fragezeichen. Aber wie könnte es auch anders sein? ... Unsere unmittelbare Nachbarschaft kennen wir einigermaßen genau. Mit zunehmender Entfernung aber verblaßt unser Wissen – und es verblaßt sehr schnell. Schließlich stehen wir an der im letzten blassen Schein verschwindenden Grenze – der äußersten Reichweite unserer Fernrohre. Was wir dort messen, sind nur noch Schatten, und inmitten gespenstischer Meßfehler sucht unser Auge nach Meilensteinen, die kaum wirklicher sind als jene."[160]

Fast ein halbes Jahrhundert ist vergangen, seit Hubble diese Vorlesungen gehalten hat, Jahre, in denen verschiedene technische Entwicklungen die Astronomie revolutioniert haben, so daß die Beobachter heute die Möglichkeit haben, das Weltall über den ganzen Bereich des Spektrums hin zu untersuchen – anstelle der knappen Oktave sichtbarer Strahlung, auf die Hubble beschränkt war. Die Theoretiker verfügen über Rechengeräte, die hinsichtlich ihrer Kapazität und Geschwindigkeit zu Hubbles Lebzeiten nicht ihresgleichen hatten. Aber auch so bleiben Hubbles Worte eine gültige Aussage über die Ausdehnung unseres heutigen kosmologischen Wissens. Der Weg des Erkenntnisfortschritts über das Weltall ist lang und gewunden gewesen und hatte entscheidende Wendepunkte aufzuweisen, zwischen denen lange Intervalle des Zweifels und der Ungewißheit lagen.

Seit Hubbles Arbeiten die wichtigsten großräumigen Struktureigenschaften aufgedeckt haben, sind zwar viele neue Erkenntnisse über das Weltall hinzugekommen; aber es ist kaum zu sehen, daß viele Hauptprobleme der Kosmologie geklärt worden sind. Einige Details sind klar geworden, aber andere Entdeckungen haben das Problem der Existenz des Universums und unseres Orts in der Entwicklung der Natur nur vertieft. Zum Beispiel haben wir hinsichtlich der Frage des Weltalters im 13. Kapitel darüber gesprochen, daß derzeit alles für einen Beginn der jetzigen Entwicklungsphase vor zehn bis zwanzig Jahrmilliarden spricht. Wenn es auch überaus erfreulich ist, daß diese Resultate im großen und ganzen nicht schlecht miteinander harmonieren, so sind doch die Unsicherheiten bei dem Verhältnis der Hubblezeit zum tatsächlichen Alter und der Epoche der Entstehung der Galaxien betrüblich. Die Hubblezeit wird aus der Messung der Rotverschiebung hergeleitet, welche das Expansionstempo des Universums angibt. Falls dieses Tempo seit Beginn der Expansion konstant gewesen ist, ist das Verhältnis der Hubblezeit zum Alter der Welt einfach. Die Meßunsicherheiten führen auf Grenzen zwischen zehn und zwanzig Jahrmilliarden. Leider steht es nicht fest, ob es wirklich gerechtfertigt ist, eine gleichförmige Expansion von Anfang an vorauszusetzen.

Diesem Problem gelten viele heutige Beobachtungen von Objekten, die an der Grenze der Reichweite unserer Teleskope liegen. In der astronomischen Fachliteratur finden wir allerhand unterschiedliche Deutungen der Beobachtungsergebnisse. Allan Sandage, einer der angesehensten Kosmologen unserer Zeit, hat 1972 ein anscheinend zwingendes Beweismaterial dafür veröffentlicht, daß sich die kosmologische Expansion seit den frühesten Zeiten verlangsamt hat. Der von ihm dafür angegebene Zahlenwert würde besagen, daß die Welt sehr viel jünger ist, als sich aus der Hubblezeit ergibt. Während die Hubblezeit zwischen zehn und zwanzig

Jahrmilliarden liegen soll, würden Sandages Arbeiten auf um etwa vierzig Prozent kleinere Werte führen – zwischen sieben und elf Jahrmilliarden. Man hat die Beobachtungen auch in anderer Weise gedeutet, besonders in dem Sinne, daß Entfernungsbestimmungen aus der Rotverschiebung unsicher wären, weil die beobachteten Galaxien im Laufe der Zeit lichtschwächer geworden sein könnten. Sicher ist jedenfalls, daß wir nicht genau wissen, wie die Hubblezeit mit dem Alter des Universums zusammenhängt.

Was andere Wege angeht, um das Weltalter aus dem Alter von Galaxien oder aber aus dem der schweren Elemente zu ermitteln, so führen beide Möglichkeiten auf ein Alter des Universums zwischen zehn und fünfzehn Milliarden Jahren. Diese Zahl unterliegt aber wiederum stark der Annahme, daß die Galaxien recht früh während der Expansion des Weltalls entstanden sind. Dem liegt die Vermutung zugrunde, daß das expandierende Urgas nur während eines recht begrenzten Zeitraums sich zu Galaxien verdichten *konnte*, als die Dichte des Universums ungefähr zehntausendmal höher war als heute. Dies würde heißen, daß die Galaxien nur ein paar hundert Millionen Jahre nach Beginn der Expansion entstanden sind. Es muß angemerkt werden, daß es sich dabei um eine rein theoretische Schätzung handelt und daß praktisch kein Beobachtungsmaterial dafür existiert. Tatsächlich haben Beobachtungen der allerentferntesten Objekte im Universum – der Quasare – einigen Zweifel entstehen lassen an der Annahme, die Galaxien hätten sich in den Frühstadien der Expansion kondensiert.

Seit ihrer Entdeckung in den Jahren 1960 bis 1963 sind von Radio- und optischen Teleskopen viele hundert Quasare vermessen worden. In den entferntesten von ihnen, die bisher gefunden werden konnten, sind die Spektrallinien so weit nach Rot verschoben, daß sich die Wellenlängen um reichlich das Fünffache vergrößert haben. Da die Quasare mit Galaxien zusammenzuhängen scheinen und wahrscheinlich schon früh in deren Entwicklungsstadium auftauchten, wäre eine vernünftige Deutung der extremen Rotverschiebung die, daß die Quasare erst entstanden sind, als das Universum etwa ein Fünftel seines jetzigen Alters erreicht hatte. Es kann daher sein, daß das aus den Berechnungen des Alters der Galaxien und der schweren Elemente abgeleitete Weltalter um zwei bis vier Milliarden Jahre – anstatt nur um ein paar hundert Millionen – höher anzusetzen ist. Man ist derzeit bemüht, Hinweise auf noch frühere Stufen im Prozeß der Galaxienbildung zu finden, aber die Ergebnisse sind bisher negativ.

Für die künftige Geschichte des Weltalls hat diese Diskussion eine sehr weitreichende Bedeutung. Obwohl die Weltmodelle der Allgemeinen Relativitätstheorie mit dem Universum, wie wir es beobachten, übereinzustimmen scheinen in dem Sinne, daß wir in einem sich ausdehnenden und entwickelnden Weltall leben, so machen es doch ungeklärte Konstanten in den Gleichungen unmöglich, den genauen Charakter des Weltmodells festzulegen, solange diese Konstanten nicht durch konkrete Messungen bestimmt worden sind. Insbesondere können wir bei dem derzeitigen Stand von Theorie und Beobachtung nicht sagen, ob das Universum offen oder geschlossen ist. Es geht darum, ob die Expansion für immer weitergehen wird, bis das Universum, abgesehen von einer Form nutzloser Energie, zu existieren aufhört, oder ob es schließlich wieder in einen überdichten Zustand zusammenbricht, ähnlich dem, aus dem heraus es sich entwickelt hat. Die physikalischen Alternativen sind ganz klar. Falls das Universum genügend Materie enthält, wird sich die Expansion allmählich verlangsamen infolge der Gravitationskräfte, so daß dann eine Kontraktion einsetzt. Ist die Materiedichte aber zu gering, um die Expansion zu hemmen, dann ist das Universum offen, und die Ausdehnung wird für immer weitergehen (oder nach unendlicher Zeit erst zu Null werden). Wir können zwar für die gegenwärtige Epoche die kritische Dichte bei verschiedenen Weltmodellen berechnen, haben aber keine Mittel, um die tatsächliche Dichte zu messen. Natürlich kann man einen Wert für die Dichte berechnen aufgrund von Zählungen der Galaxien, der Menge der darin enthaltenen Sterne und dem Anteil an interstellarem Gas und Staub. Aber dieser Wert reicht nicht, um das Weltall zu schließen. Über dieses Problem laufen viele elegante Forschungsarbeiten. Manche Kosmologen glauben, daß das Universum in genügender Menge, aber derzeit noch unbeobachtbar, fehlende Masse enthält, um die mittlere Dichte über den kritischen Wert anzuheben, der für ein geschlossenes Universum nötig ist.

Wenn man also auch die Frage nach der künftigen Entwicklung der Welt jetzt noch nicht entscheiden kann, so ist von Beobachtungen immerhin einiges zu erhoffen. Das gilt leider in viel eingeschränkterem Maße für die zurückliegende Geschichte des Weltalls. Mit einiger Reserve wegen des ungeklärten Effekts einer Abnahme des Expansionstempos kann man sagen, daß die Beobachtung individueller extragalaktischer Objekte bis hin zu den entferntesten Quasaren ein Mittel darstellt, um das Weltall über etwa drei Viertel der seit Beginn der Expansion verstrichenen Zeit hin zu untersuchen. Wenn wir ferner der heutigen Deutung der Hintergrundstrahlung im Mikrowellenbereich im Sinne einer Reststrahlung aus dem heißen und dichten Frühzustand des Universums folgen, so überblicken wir damit neunundneunzig Prozent der seit Beginn der Expansion abgelaufenen Zeit. Aber für das dazwischenliegende Intervall, welches zwischen Hunderten von Millionen bis zu einigen Milliarden Jahren gedauert haben mag, haben wir keine Beobachtungsdaten und nur wenig zuverlässige Theorie, um uns etwas über die Umstände und Ereignisse zu lehren, die im Zuge der Entwicklung des Weltalls zur Bildung von Galaxien geführt haben. Immerhin ist dieser Zeitraum zumindest prinzipiell für künftige Beobachtungen und Untersuchungen zugänglich. Ungeheuer groß wird die Schwierigkeit in jeder Hinsicht indessen, wenn wir nach der Entwicklung des Universums in seinen frühesten Stadien fragen, nämlich ehe die Strahlung erzeugt wurde, die wir jetzt als Mikrowellenhintergrund beobachten.

Die erste Frage, die sich bei dieser Reststrahlung stellt, ist die nach den genauen Bedingungen im jungen Universum bei ihrer Entstehung, und nach der seit Beginn der Expansion verstrichenen Zeit, als diese Bedingungen auftraten. Aus der beobachteten Temperatur der Hintergrundstrahlung heute, nämlich 2,7 Kelvin, kann man ohne weiteres die Photonendichte im Raum berechnen. Wir kommen dabei auf ungefähr fünfhundert Photonen je Kubikzentimeter im Weltall. Diese Zahl ist erstaunlicherweise sehr viel größer als die der Kernteilchen je Kubikzentimeter im Universum, welche allerdings nicht genau bekannt ist, da wir ja, wie schon erwähnt, die Dichte nicht messen können. Falls die Dichte nahe bei dem kritischen Wert liegt, der nötig ist, um das Weltall zu schließen, so daß nämlich die zwischen den Partikeln wirkende Schwerkraft die Expansionskräfte überwindet, dann beträgt die Anzahl der Kernteilchen ungefähr eine Million je Kubikzentimeter Volumen. Die hinsichtlich dieser Zahl herrschende Ungewißheit kann nichts gegen die klare Folgerung ausmachen, wonach überall im Universum in einem gegebenen Volumen die Anzahl der Photonen, welche die Strahlung repräsentieren, sehr viel größer ist als die Anzahl der Kernpartikel, welche die Masse des Weltalls darstellen. Diese beiden Zahlen klaffen um einen Faktor von rund einer Milliarde auseinander. Möglicherweise ist die Diskrepanz sogar noch größer, falls etwa die Materiedichte unter dem Wert liegt, der erforderlich ist, um das Universum zu schließen.

Obwohl das Verhältnis von Photonen zu Teilchen so groß ist, wird die Energiebilanz im heutigen Weltall durch die Partikel beherrscht. Die Äquivalentenergie eines Teilchens errechnet sich aus der Einsteinschen Beziehung $E = mc^2$. Die Energie eines Kernteilchens (Proton oder Neutron) ist etwa billionenfach größer als die Energie eines Photons bei der Temperatur der Mikrowellen-Hintergrundstrahlung. Somit liegt die Energiebilanz im Weltall heute um mindestens den Faktor tausend zugunsten der Partikel. Das Weltall wird also von der Materie beherrscht. Da sich das Universum aber augenscheinlich aus einem heißen, dichten Zustand heraus entwickelt hat, konnte es diese Vorherrschaft der Materie über Strahlung in den frühen Epochen der Welt nicht gegeben haben. Mit zunehmender Temperatur wächst auch die Energie je Photon an, während die Teilchenenergien nicht beeinflußt werden. Eine Rechnung zeigt, daß die Photonenenergie der Teilchenenergie gleichkommen würde bei einer absoluten Temperatur des Weltalls im Gebiete von 3000 bis 4000 Kelvin. Gegenwärtig werden aber nur 2,7 Kelvin beobachtet. Aber auf einer frühen Stufe, als das Weltall auf einer höheren Temperatur war, konnte die Photonenenergie die der Teilchen übersteigen; das Universum war also damals von Strahlung beherrscht.

Die Übergangsphase zwischen Vorherrschaft von Strahlung zu Vorherrschaft von Materie traf im Weltall mit der Epoche zusammen, da die Energie der Photonen nicht mehr ausreichte, um zu verhindern, daß Atomkerne für immer Elektronen einfangen und so Atome bilden konnten. Das trat bei weniger als ein paar tausend Kelvin ein. Damals verschwanden die freien Elektronen, und das Weltall wurde für Strahlung durchlässig. Wir wissen nicht, warum sich dieser Übergang vom opaken zum transparenten Zustand ungefähr um die gleich Zeit ereignete, wie der Übergang von der Vorherrschaft der Strahlung zu derjenigen der Materie im Zuge der Entwicklung des Weltalls. Auf jeden Fall neigt man hinsichtlich 2,7 K – Strahlung heute zu der Auffassung, daß die Photonen zur früheren, opaken Phase des Universums gehören, die vor der Übergangsphase gelegen hat. Seither hätten sich dann die Photonen frei im ganzen Weltall ausgebreitet. Dabei ist die Temperatur dieser Strahlung im umgekehrten Verhältnis zur Größe des sich ausdehnenden Weltalls gesunken und beträgt jetzt 2,7 Kelvin. In der Übergangsphase, als die Temperatur bei ungefähr 3000 Kelvin lag, muß das Weltall tausendmal kleiner gewesen sein als heute – bei einer etwa milliardenfach größeren Dichte.

Neuerdings wurden spekulative Darstellungen der Verhältnisse publiziert, in denen die frühere, von Strahlung beherrschte Phase des Universums geschildert wird[161]. Diesbezügliche Konjekturen gründen sich auf die Annahme, daß sich das Weltall in seinen ersten Augenblicken gleichmäßig ausgedehnt hat und daß Dichte und Temperatur sich gemäß den gut fundierten Gesetzen geändert haben, welche heute das Verhalten von Strahlung bestimmen. Man hat ausgerechnet, daß der Übergang von strahlungs- zu partikelbeherrschter Phase ungefähr 700 000 Jahre nach Beginn der Expansion stattgefunden hat. Man schätzt, daß die hauptsächliche Heliumproduktion im Universum stattgefunden hat, bevor die Temperatur auf eine Milliarde Grad gesunken war. Das wäre 100 Sekunden nach Beginn der Expansion gewesen. In den allerersten Minuten wäre die Temperatur nach Ausweis dieser Berechnungen immens höher gewesen, so daß Zusammenstöße von Photonen zur Erzeugung „exotischer“ Fundamentalteilchen geführt hätten. Bald nach der Bildung von Helium, als die Temperatur unter einige Milliarden Kelvin gesunken war, hatte die Strahlung sich wohl frei ausbreiten können. Die Energie der Photonen war dann zu gering, um zur Teilchenerzeugung zu führen; und trotz weiter andauernden Zusammenstößen von Photonen mit Partikeln herrschte ein solcher Photonenüberschuß, daß nach wenigen Minuten die Ära der dominierenden Strahlung begann. Man glaubt, daß die heute in der 2,7 Kelvin-Hintergrundstrahlung gemessenen Photonen Relikte jener nicht durchlässigen, von Strahlung beherrschten Phase sind, in der die Temperatur sich von einigen Milliarden Grad absenkte, während das Universum expandierte.

Wenn man den Ursprung der Reststrahlung so interpretiert, verraten die Messungen einen wichtigen Zug des frühen Universums. Die Untersuchung der Verteilung der Stärke dieser Strahlung sollte jede Abweichung von der Gleichförmigkeit verraten, die im Weltall während der Ära der Strahlungsdominanz geherrscht hat, also von wenigen Minuten bis hin zu siebenhunderttausend Jahren nach Beginn der Expansion, als Materie und Strahlung wirksam voneinander abgekoppelt wurden. Die derzeit vorliegenden Messungen der Strahlung lassen keine Abweichung von gleichförmiger isotroper Verteilung an der Sphäre erkennen. Daher müssen wir annehmen, daß das Weltall in seiner sehr frühen, von Strahlung beherrschten Phase auf mindestens ein Zehntel Prozent genau isotrop gewesen ist. Wir wissen nicht, wie weit unsere konventionellen Zeitmaßstäbe in jenen weit zurückliegenden Epochen Gültigkeit haben. Auch wenn wir gezwungen sind, uns der gängigen Sprache zu bedienen, so bleibt die Beziehung solcher sehr frühen Ereignisse zu der Skala von Minuten und Jahren, die erst Milliarden von Jahren später bei der Entstehung des Sonnensystems konstituiert wurde, ohne Sinn. Immerhin hat diese Ungewißheit aber keinen Einfluß auf die zwingende Gewißheit, daß die heute gemessene Reststrahlung ein Anzeichen dafür ist, daß sich das Weltall vor etwa zehn bis zwanzig Jahrmilliarden aus einer heißen und sehr kompakten Strahlungsphase heraus entwickelt hat, und daß in den frühesten Stadien der Expansion im ganzen Universum ein hohes Maß an Gleichförmigkeit geherrscht hat.

Diese Isotropie des frühen Universums ist von kritischer Bedeutung für die Betrachtung des Anfangszustandes, des Beginns von Zeit und Raum. Die Weltmodelle nach der Allgemeinen Relativitätstheorie liefern eine mathematische Formulierung für die zeitliche Änderung des Krümmungsradius' des Weltalls. All den verschiedenen Lösungen ist gemeinsam, daß sie für die Zeit Null einen singulären Zustand für das Universum angeben. Diesem physikalischen Dilemma konnte man entgehen durch das Postulat, die Singularität sei eine mathematische Schwierigkeit, die durch die Annahme von Uniformität im Weltall hereingekommen wäre. Aber die Messungen bezüglich des frühen Universums scheinen jetzt diesen Ausweg aus der Schwierigkeit, eine physikalische Beschreibung des Weltalls zur Zeit Null zu geben, zu verbauen. Daher müssen wir fragen, wieweit Theorien der modernen Physik eine Extrapolation in Richtung auf die Zeit Null hin ermöglichen, wenigstens prinzipiell.

Die Antwort hierauf liefern die Extrapolationsgrenzen der Quantentheorie, die eine „charakteristische Länge" definiert, in der die fundamentalen Parameter der Gravitationskonstante, der Lichtgeschwindigkeit und der Planckschen Konstante stecken. Sie beträgt $2{,}6 \cdot 10^{-33}$ cm. Gemäß der Mathematik der Weltmodelle müßte das expandierende Universum diese Größe 10^{-43} Sekunden nach Beginn der Expansion erreicht haben. Wendet man die uns bekannten Gesetze der Physik an, so hätte das Universum damals eine Dichte von $5 \cdot 10^{93}$ Gramm je Kubikzentimeter und eine Temperatur von 10^{33} Kelvin gehabt. Diese Zahlen sind zwar unvorstellbar, aber doch von großer Bedeutung; denn sie stellen die Grenzen dar, bis zu denen wir die ersten Augenblicke des Universums im Rahmen der physikalischen Theorie zurückverfolgen können.

Uns fehlt eine physikalische Sprache, mit der wir den Zustand der Materie beschreiben könnten, wenn Quantenfluktuationen des Gravitationsfeldes eine Rolle zu spielen beginnen. Das Problem der Quantelung des Schwerefeldes hat jahrzehntelang allen geistigen Anstrengungen getrotzt. Auf diesen Mißerfolg gibt es verschiedene Reaktionen. Manche glauben, daß schließlich doch eine Lösung im Rahmen vorhandener Fundamentaltheorien gefunden werden wird. Andere sind der Ansicht, daß die Theorien der Allgemeinen Relativität und Quantenphysik unvereinbar sind. In diesem Fall bedürfen entweder die jetzigen Theorien der Raum-Zeit einer grundlegenden Revision, oder eine physikalische Beschreibung des frühesten Zustandes des Weltalls bleibt für immer unmöglich.

15. Die Harmonie der Welt

Der Glaube, daß die Welt eine fundamentale Harmonie aufweisen muß, hat auf die Entwicklung der Kosmologie einen mächtigen Einfluß ausgeübt. Der Glaube an die Vollkommenheit von Kreis und Kugel war sehr stark, so sehr, daß die Kosmologie von dieser hartnäckig festgehaltenen Ansicht solange beherrscht wurde, bis Kepler schließlich im frühen 17. Jahrhundert seine Gesetze der Planetenbewegung aufstellte. Platon gründet im *Timaios* seine Kosmologie auf den Glauben, daß die Welt eine Kugel wäre, weil gleich besser sei als ungleich, und nur die Kugel die Eigenschaft habe, überall gleich zu sein:

„Deshalb machte Er die Welt in Kugelgestalt, rund wie von einer Drehbank, die äußersten Punkte in jeder Richtung gleich weit vom Zentrum entfernt, von allen Figuren sich selbst am meisten gleich; denn Er bedachte, daß das Gleiche unendlich schöner ist als das Ungleiche."

Ferner rotiert dieser Globus, weil Kreisbewegung die vollkommenste Bewegung ist. Die vier Elemente – Feuer, Luft, Wasser und Erde – wurden von Gott in den richtigen Proportionen harmonisiert, als Er die Welt schuf. Deshalb ist die Welt vollkommen und unvergänglich, sofern nicht Gott selbst es anders beschließen sollte. Obwohl sich die Kosmologie des Aristoteles, der ein Schüler Platons war, davon in wichtigen Punkten unterschied (zum Beispiel glaubte Aristoteles nicht wie Platon, daß die Zeit erschaffen wurde), blieb der Vorrang des Kreises gewahrt. Laut Aristoteles war Kreisbewegung primär, und nur kreisförmige Bewegung konnte kontinuierlich und unendlich sein. Die Erde war eine Kugel im Mittelpunkt des Weltalls; und die homozentrische

Schar ineinanderliegender Kugelschalen war von einem Äther erfüllt, dessen Kreisbewegungen für die Bewegungen des Himmels und der Planeten verantwortlich waren.

Dieser glühende Glaube an die Vollkommenheit des Kreises und der Kugel führte zur Entwicklung des komplizierten ptolemäischen Weltsystems. Sodann war bei dem revolutionären Schema des Copernicus das zugrundeliegende Motiv der Wunsch, das künstliche Hilfsmittel des Äquanten zu beseitigen. Selbst noch im 16. Jahrhundert hatte die schwierige Frage der Erdbewegung weniger Sprengkraft als der Verzicht auf die Vollkommenheit des Kreises und gleichförmige Bewegung der Himmelskörper. In dem einleitenden Brief an Papst Paul III. mit dem *De revolutionibus* beginnt, betonte Copernicus, daß „auch die Gesetze und Größen der Gestirne und alle ihre Bahnen und der Himmel selbst so zusammenhängen, dass in keinem seiner Theile, ohne Verwirrung der übrigen Theile und des ganzen Universums, irgend etwas verändert werden könnte." Das copernicanische System besaß eine schöne Harmonie, nicht nur durch Beibehaltung der Kreisbewegungen, sondern auch deshalb, weil die relativen Abmessungen des Systems im Weltall mit der Sonne im Mittelpunkt festgelegt waren. Ohne diese ästhetische Schönheit hätte sich die heliozentrische Theorie damals vielleicht nicht halten können; denn die Vorhersagen der ptolemäischen Theorie waren mindestens ebenso genau, und alle Sinneseindrücke, wie auch die Heilige Schrift, standen in schärfstem Gegensatz zu dem neuen Weltbild.

Ein glühender Glaube an die Harmonie der Welt beherrschte auch die Haltung Keplers. Nirgends kommt sein nahezu mystisches Gefühl für die Ordnung in der Natur deutlicher zum Ausdruck als in den gewundenen Wegen, die ihn zu seinen drei Gesetzen der Planetenbewegung führten. In seinem ersten Buch, dem *Mysterium cosmographicum* von 1596, berichtet er von seiner Vision, daß das Weltall um die fünf regelmäßigen Körper herum gebaut sein müsse.

Nachträglich ist es leicht, dies als irrelevant abzutun; aber für Kepler machte das Modell eine wichtige Eigenschaft klar: die Bahnebenen der Planeten schnitten sich in der Sonne und nicht, wie bei Copernicus, in der Erde. Die lange Suche Keplers nach Harmonie wird dreiundzwanzig Jahre später noch deutlicher, als er 1619 *Harmonices mundi* ... veröffentlichte mit dem dritten Gesetz über die Beziehung zwischen der Umlaufperiode eines Planeten und seiner mittleren Entfernung von der Sonne. Dieses Werk ist dadurch berühmt geworden, ist aber keineswegs eine speziell der Ableitung dieses Gesetzes gewidmete Abhandlung. Tatsächlich ist es eine Erörterung über Proportionen, Intervalle und harmonische Verfahren. Zum Beispiel zeigt Kepler darin, daß die Winkel, welche eine den Planeten mit der Sonne verbindende Gerade – der *radius vector* – beschreiben, bei den Passagen des sonnenfernsten und des sonnennächsten Punktes (Aphel und Perihel) ein vollständiges System musikalischer Intervalle bilden. Die Arbeit enthält dreizehn Sätze dieser Art. Davon sind zwölf entweder falsch oder für das Planetensystem, wie man es später erkannte, ohne Bedeutung; aber der achte Satz ist das historische dritte Gesetz der Planetenbewegung.

Während zweitausend Jahren waren die Vollkommenheit des Kreises, kreisförmige Bewegung und die Sphäre die herrschenden Kriterien. Sie führten in der Antike zur Erfindung von Epizykeln und Deferenten und bei Copernicus schließlich zur Aufgabe der geozentrischen Vorstellung einer ruhenden Erde. Mit Kepler wurde dann plötzlich ein anderes Kriterium wichtig. Die Harmonie der numerischen Verhältnisse gewann die Oberhand über die Vollkommenheit des Kreises. Es war ein einzigartiger Zug in der Geschichte der Kosmologie, daß die Verwandtschaft von Zahlen eine höhere Bedeutung bekam als geometrische Merkmale. Kepler schrieb:

„Daß man da, wo eine Wahl besteht zwischen verschiedenen Dingen, die nicht völlig miteinander verträglich sind, dem den Vorzug geben muß, was den Vorzug hat, und das, was von niedrigerem Rang ist, nachgeben läßt, soweit es nötig ist, das wird offenbar schon durch das Wort Kosmos, das Schmuck bedeutet, bestätigt. Im gleichen Maß nun aber, in dem das Leben vor dem Körper, die Form vor der Materie den Vorrang hat, hat der harmonische Schmuck vor dem einfachen geometrischen den Vorrang."[162]

Mathematisch formulierte dann Newton die Keplerschen Gesetze auf der Grundlage der Ideen einer universellen Schwerkraft und betonte damit die großräumige Harmonie der Welt. Newton berechnete nicht die wechselseitige Anziehungskraft der Planeten, sondern schätzte die Effekte ab mittels der Störungen, welche die Sonne bei der Bahn des Mondes um die Erde hervorruft. Das führte ihn dazu, die Wirkung dieser Störungen zu überschätzen; und um die Harmonie und langfristige Beständigkeit des Planetensystems zu retten, mußte er das Eingreifen Gottes zu Hilfe nehmen. So schrieb er in *Opticks:*

„... die oben erwähnten harten und festen Teilchen, auf mannigfache Weise in der ersten Schöpfung durch Ratschluß eines intelligenten Handelnden *(Agent)* angeordnet und verbunden. Denn es geziemte sich für ihn, der sie schuf, daß er sie ordnete. Und wenn er so tat, dann ist es unphilosophisch, nach einem anderen Ursprung der Welt zu suchen, oder vorzugeben, daß sie bloß durch die Gesetze der Natur aus dem Chaos hätte entstehen können, obwohl sie, wenn einmal gebildet, durch diese Gesetze über viele Zeitalter hin existieren könnte. Denn während sich Kometen in sehr exzentrischen Bahnen in Positionen aller Art bewegen, konnte ein blindes Schicksal niemals bewirken, daß sich alle Planeten in der gleichen Richtung in konzentrischen Kreisen bewegen, einige unwesentliche Unregelmäßigkeiten ausgenommen, die wahrscheinlich durch die wechselseitige Einwirkung von Kometen und Planeten entstanden sind, und die wohl noch zunehmen dürften, bis dieses System eine Reformation braucht. Eine solch wundervolle Gleichförmigkeit im Planetensystem kann nur auf einen freien Willensakt zurückgehen.“[163]

In der Tat betonte für Newton die herrliche Harmonie der Welt die göttliche Natur der Schöpfung, so wie es die Vollkommenheit der Kreisbewegung für die griechischen Philosophen tat. Im *Scholium* zu Buch 3 der *Principia* schrieb er:

„Diese bewunderungswürdige Einrichtung der Sonne, der Planeten und Kometen hat nur aus dem Rathschlusse und der Herrschaft eines alles einsehenden und allmächtigen Wesens hervorgehen können. Wenn jeder Fixstern das Centrum eines, dem unserigen ähnlichen Systems ist, so muss das Ganze, da es das Gepräge eines und desselben Zweckes trägt, bestimmt Einem und demselben Herrscher unterworfen sein. Das Licht der Fixsterne ist von derselben Natur, wie das der Sonne, und alle Systeme senden einander ihr Licht zu. Ferner sieht man, dass derjenige, welcher diese Welt eingerichtet hat, die Fixsterne in ungeheure Entfernungen von einander gestellt hat, damit diese Kugeln nicht, vermöge ihrer Schwerkraft, auf einander fallen.“[164]

Es vergingen mehr als zwei Jahrhunderte, bis die von Newton zugrundegelegte Harmonie der Welt in Frage gestellt wurde. Am 6. November 1919 verkündete in den Räumen der Royal Society in London Frank Dyson, der Astronomer Royal, die Ergebnisse der Expedition nach Sobral in Westbrasilien und zur Insel Principe an der Westküste Afrikas. Dort hatten während der totalen Sonnenfinsternis vom 29. Mai 1919 Expeditionsteilnehmer versucht, die Vorhersage der Allgemeinen Relativitätstheorie hinsichtlich des Betrages zu verifizieren, um den das Licht eines Sterns abgelenkt wird, wenn es streifend an der Sonnenscheibe vorbeigeht. Einstein hatte im ganzen drei Vorhersagen gemacht, durch die die Allgemeine Theorie mit Beobachtungen nachgeprüft werden könnte. Die eine betraf das Vorrücken des

Merkurperihels und war für richtig befunden worden. Die Prüfung einer zweiten Vorhersage, wonach die Spektrallinien eines dichten Sterns wegen des starken Schwerefeldes eine Verschiebung ihrer Wellenlänge erfahren müßten, hatte damals noch keine schlüssigen Resultate erbracht.[166] Wegen der umstürzenden Vorstellungen und Folgen der Allgemeinen Relativitätstheorie war daher das Interesse sehr groß, als Dyson bekanntgab, die Messungen hätten eine Ablenkung des Sternenlichtes ergeben, die doppelt so groß war, wie nach der Newtonschen Theorie zu erwarten war, und sie stünden deshalb im Einklang mit Einsteins Vorhersagen. A. N. Whitehead war bei dieser Versammlung zugegen und verglich die Stimmung mit der bei einer altgriechischen Tragödie:

„Die tiefe Anteilnahme an den einzelnen heroischen Ereignissen, in denen sich das Schicksalswalten offenbart und bewährt, erscheint in unserer Epoche wieder – als das gespannte Interesse an den entscheidenden Experimenten ... im Hintergrund das Bild Newtons, das daran erinnert, daß die bedeutendste aller wissenschaftlichen Verallgemeinerungen nach mehr als zwei Jahrhunderten im Begriff war, ihre erste Umgestaltung zu erleiden ...“[167]

Tatsächlich waren die Harmonien der Welt Newtons mit ihren Teilchen durch eine universelle Harmonie ersetzt worden, in der die Geometrie des Raumes mit dem Stoff des Universums verknüpft war. Am nächsten Morgen nach der Veröffentlichung der Finsternisergebnisse schrieb der Hauptartikler in *The Times*:

„Von Euklid bis Kepler, von Kepler bis Sir Isaac Newton hat man uns an die Starrheit gewisser fundamentaler Gesetze des Universums glauben gemacht. Das Zentrum eines Kreises war immer von allen Punkten seiner Peripherie gleich weit entfernt. Die Summe der Winkel eines jeden Dreiecks war immer gleich zwei rechten Winkeln. Auf diesen Glauben gründeten sich Praxis und Philosophie ... die geordnete Anordnung von Sonnen und Planeten in ihren Bahnen waren darauf gegründet ... genug ist geschehen, um die Gewißheit von Zeitaltern umzustürzen und eine neue Philosophie des Universums zu gewinnen, eine Philosophie, die nahezu alles hinwegfegen wird, was bisher als axiomatische Basis physikalischen Denkens gegolten hat."[168]

Als Einstein sich einmal über die kosmische Harmonie des Universums äußerte, die er enthüllt hatte, sagte er vom Forscher: „Seine Religiosität liegt im verzückten Staunen über die Harmonie der Naturgesetzlichkeit, in der sich eine so überlegene Vernunft offenbart, daß alles Sinnvolle menschlichen Denkens und Anordnens dagegen ein gänzlich nichtiger Abglanz ist."[169]

Die modernen Teleskope haben uns ein Universum enthüllt, das, zumindest in großem Maßstabe, mit den Weltmodellen der Allgemeinen Relativitätstheorie vereinbar zu sein scheint. Obwohl diese wunderschöne Harmonie in dem Ausschnitt der Welt besteht, den wir heute beobachten, bleiben noch viele ernste Probleme übrig. Anfang und Ende erscheinen physikalisch unbestimmt und unverständlich – sowohl für Theorie wie für Beobachtungen. Eine höchst überraschende Eigentümlichkeit des sich entwickelnden Weltalls, so wie es durch moderne Theorie und Beobachtung erfaßt wird, liegt darin, daß in den frühesten Stadien der Expansion offenbar Homogenität und Isotropie geherrscht haben. Obwohl die Weltmodelle ein nicht statisches Universum verlangen, sofern es nicht jeder Materie bar ist, enthalten die Theorien nichts, wodurch das Tempo der Expansion eingeschränkt würde; und dieses Tempo ist kritisch für das Auftauchen von Sternen, Galaxien und des Menschen aus dem Urzustand heraus. Hinter alledem steckt die Schwierigkeit mit der Singularität zur Zeit Null bei den relativistischen Modellen, sowie das sich daraus ergebende Mißlingen, eine Raum-Zeit auf der Basis von Relativität und Quantenmechanik theoretisch zu konzipieren, welche auf den Zustand des Universums in den frühesten Augenblicken seiner Expansion anwendbar wäre.

Ungeachtet des großen Erfolges der Allgemeinen Theorie suchen die Theoretiker deshalb nach einem noch tieferen Verständnis der natürlichen Welt. Die Beziehung der Einsteinschen Theorie zum Machschen Prinzip wurde in Frage gestellt. Einstein hatte geglaubt, daß die Feldgleichungen der Allgemeinen Relativitätstheorie das Machsche Prinzip eindeutig verkörperten, aber es wurden alternative Lösungen für die Gleichungen gefunden. Man hat Modifikationen von Einsteins Gleichungen vorgeschlagen, die das Machsche Prinzip exakt ausdrücken. Sie unterscheiden sich in gewissen Voraussagen, wie etwa dem Ausmaß der Ablenkung des Sternenlichts am Sonnenrande. In dieser Hinsicht haben sehr genaue Messungen in den letzten Jahren die Einsteinsche Theorie gestützt. Die topologische Struktur der Raum-Zeit und die Rolle des Machschen Prinzips bei der Festlegung der Natur des Raumes sind komplizierte Aufgaben für die heutigen Theoretiker.

Eine Anzahl von Kosmologen beschäftigt sich mit der Suche nach der Harmonie, welche die mikrophysikalische Welt mit der makrophysikalischen verbindet. Es geht dabei um das Verhältnis zwischen den Größen des atomaren Bereichs und denen der Welt als Ganzes. Dabei wurde man auf eine Anzahl eigenartiger numerischer Beziehungen aufmerksam. Bei dieser modernen Version einer Suche nach Weltharmonien geht es nicht um äußerliche Relationen zwischen zusammenklingenden musikalischen Intervallen und der Struktur des Planetensystems, die Kepler inspiriert hat. Ganz anders: es hat sich gezeigt, daß die Maße der Welt, von der Mikrostruktur des Atoms bis hin zur Skala des Universums, offenbar von einer kleinen Anzahl wohlbekannter physikalischer Konstanten bestimmt werden.

Eddington war ein hervorragender Pionier bei der Suche nach Zahlenverhältnissen, von denen er glaubte, daß sie die physikalischen Gesetze des Atombaus mit der großräumigen Struktur des Universums vereinen könnten. In bedeutenden Arbeiten suchte er 1936 und 1946[170] zu zeigen, daß die Zahlen 136 und 137 im Raum des Einsteinschen Universums von besonderer Bedeutung sind. Dabei betonte er die enge Verwandtschaft dieser Zahlen mit einer dimensionslosen Zahl der Atomphysik, in der nur die Lichtgeschwindigkeit, die Ladung des Elektrons und die Plancksche Konstante stecken.

Zu jener Zeit hatten Eddington und Lemaître ein auf der Allgemeinen Relativitätstheorie basierendes Weltmodell mit einem positiven Wert für die kosmologische Konstante entwickelt. Aufgrund dieses Modells zeigte Eddington nun, daß, wenn die Zeit sich im expandierenden Weltall der Unendlichkeit näherte, die Hubblekonstante theoretisch die Quadratwurzel eines Drittels der kosmologischen Konstante sein würde. Eddington leitete auch aus den fundamentalen atomaren Konstanten einen Zahlenwert für diese Größe ab. Er berechnete sie zu 572,4 Kilometern pro Sekunde je Megaparsec, womit er den 540 km/s/Mpc sehr nahe kam, die Hubble aus Beobachtungen gewonnen hatte. Ferner war in diesem Weltmodell der Raum endlich. Eddington rechnete aus, daß die Anzahl der Partikel im Universum seinem Radius und der Zahl 136 in einfacher Weise verwandt war; er kam auf $2{,}4 \cdot 10^{79}$ Partikel. Wenn man bestimmte Grundparameter der Welt nimmt, speziell Ladung und Masse des Elektrons, Masse des Protons, Gravitationskonstante, Lichtgeschwindigkeit, kritische Dichte des Universums und Hubblezeit, so lassen sie sich höchst bemerkenswerterweise zu einem Satz verschiedener reiner Zahlen kombinieren. Eine dieser Zahlen, welche das Verhältnis von elektrischer zu gravitativer Kraft zwischen Elektron und Proton ausdrückt, ist $0{,}23 \cdot 10^{40}$. Deren Quadrat, $5{,}3 \cdot 10^{78}$, ist bis auf einen Faktor 4 gleich Eddingtons Zahl für die Partikel im Weltall. Zwei weitere reine Zahlen, in denen die Hubblezeit und die atomaren Konstanten stecken, sind $4 \cdot 10^{40}$ und 10^{80}. Auch sie liegen erstaunlich dicht bei der Quadratwurzel und der Anzahl der Teilchen im Weltall nach Eddington.

Es ist schwerlich zu glauben, daß die engen Beziehungen zwischen diesen, aus atomaren Konstanten und der Struktur des gesamten Universums abgeleiteten Zahlen zufällig sein können. Tatsächlich ist die Wahrscheinlichkeit einer zufälligen Übereinstimmung zwischen Zahlen der Größenordnung 10^{40} verschwindend klein. Man kann sich nur schwer dem Schluß entziehen, daß darin irgendeine tiefe kosmologische Bedeutung steckt. Eddington hat sicher daran geglaubt: „...daß die Natur selbst bestimmte Zahlen, wie 137, in ihrem Plan ausgewählt hat – dieser und viele andere Gedankensplitter sind zusammengekommen und haben eine Vision gebildet."[171] Eddingtons mathematische Ableitung der Zahlenbeziehungen war äußerst verwickelt, und nur ganz wenige Gelehrten waren imstande, seine *Fundamental Theory* in dem nötigen Maße zu verstehen, daß sie seiner Vision in die Bereiche der modernen Kosmologie folgen konnten. Insbesondere glaubt man nicht mehr, daß das spezielle Weltmodell von Eddington und Lemaître mit seiner positiven kosmologischen Konstanten das Universum so darstellt, wie es beobachtet wird. Nichtsdestoweniger behalten die eigenartigen und engen Beziehungen der reinen, aus der mikro- und makrophysikalischen Welt abgeleiteten Zahlen ein faszinierendes Interesse.

Zu der Zeit, da Eddington sich mit der Bedeutung dieser großen Zahlen beschäftigte, entwickelte P. A. M. Dirac eine theoretische Kosmologie, in der er vorschlug, daß große Zahlen von der Ordnung 10^{40}, die von den fundamentalen Konstanten abgeleitet wurden, sich mit dem Alter des Universums geändert hätten.[172] In dieser Theorie wird das Weltalter in Zeiteinheiten ausgedrückt, die von Ladung und Masse des Elektrons, der Planckschen Konstanten und der Lichtgeschwindigkeit bestimmt werden. Die für die Gegenwart gewonnene Zahl ist von der Größenordnung 10^{40}; und das ist auch das Verhältnis der elektrischen und Gravitationskräfte zwischen Elektron und Proton. Nach Diracs Theorie müßte sich diese Zahl mit dem Alter des Universums ändern; ferner müßte sich die Gravitationskonstante umgekehrt proportional zum Weltalter ändern. Nach der allgemeinen Relativitätstheorie sollte die Gravitationskonstante aber für alle Zeit wirklich „konstant" sein. Um die Diracsche Kosmologie mit der allgemeinen Relativitätstheorie in Einklang zu bringen, muß man annehmen, daß die Anzahl der Partikel im Weltall im Laufe der Zeit zunimmt.

Diracs Theorie machte etliche revolutionäre Vorhersagen. Zum Beispiel könnte die Rotverschiebung erklärt werden, ohne die Expansion des Universums zu bemühen, da die Wellenlänge des von einer fernen Galaxie beobachteten Lichtes durch die atomaren Konstanten zu der Zeit seiner Ausstrahlung bestimmt wird. Danach würde sich das Universum als statisch herausstellen. Sollte sich also die Theorie als richtig erweisen, wäre eine der größten kosmologischen Umwälzungen in der Geschichte die Folge. Nach Dirac würde die Änderung nur einige Einhundertmilliardstel im Jahr ausmachen. Die Grenzen der allergenauesten Messungen liegen bislang bei dem Zehntausendfachen dieses Wertes. Es ist möglich, daß künftige Entwicklungen es gestatten werden, die Stabilität der Gravitationskonstanten näher einzugrenzen. Allerdings ist zu sagen, daß heute nur wenige Astronomen der Theorie Diracs zugeneigt sind.

Die jüngsten Entwicklungen auf der Suche nach Harmonien, die der Welt zugrunde liegen, umfassen die Anwesenheit von uns selbst als von Beobachtern im Universum. Die Naturkonstanten, seien sie mikrophysikalisch oder kosmisch, sind solche, die *wir* messen. Die These, daß das, was wir zu beobachten erwarten dürfen, durch die Bedingungen eingeschränkt sein muß, die für unsere Existenz und unsere Präsenz im Universum als Beobachter notwendig sind, hat man das *anthropische Prinzip* genannt.[173] Unsere eigene Entwicklung hängt wie die anderer empfindungsfähiger Wesen im Weltall von vielen Zügen der großmaßstäblichen Entwicklung im Universum ab, die durch die Verhältnisse in den allerfrühesten Entwicklungsstadien eng festgelegt wurden. Zum Beispiel wurden die Anteile von Helium und Wasserstoff während der ersten Minuten der Expansion entschieden. Wären die Anziehungskräfte zwischen den Fundamentalteilchen nur ein bißchen stärker gewesen, dann hätte das Helium die Oberhand bekommen. In diesem Falle würde es keine Sterne des Typs gegeben haben, von dem wir aus Beobachtungen wissen, daß sie hinreichend lange stabil sind, um die Entwicklung zu begünstigen.

Ähnliche Gedanken kann man sich über das Expansionstempo des Universums machen. Wäre es nur ein wenig langsamer oder schneller gewesen, dann hätte sich der Wasserstoff, der nach Entkopplung von Materie und Strahlung übrigblieb, nicht zu Sternen und Galaxien geformt. Das Weltall wäre entweder zusammengebrochen, ehe es zur Bildung von Galaxien kommen konnte, oder die Urmaterie wäre zerstreut worden. Sodann bestimmt die Zeitskala, die wir für die Entwicklung des Weltalls und die Entstehung von Galaxien und Sternen ansetzen, sehr genau die Möglichkeit organischer Evolution. Für die Entwicklung von Leben ist die Existenz durch Schwerkraft zusammengehaltener Systeme, wie Sterne und Galaxien, entscheidend. Die Konstanten, welche diese großmaßstäblichen Züge des Universums bestimmen, weisen jene auffälligen Übereinstimmungen großer Zahlen mit den fundamentalen atomaren Konstanten auf, nach denen letztlich die für unsere Existenz notwendigen Elemente erzeugt wurden.

Eine mehr ins einzelne gehende und umfassendere Diskussion[174] solcher Beziehungen führt zum Schluß, daß das Universum, welches existiert, *und* unsere Präsenz als Beobachter in kritischer Weise von dem Wert nur weniger physikalischer Konstanten bedingt sind, und daß diese Konstanten im atomaren und im kosmischen Maßstab einzigartige Relationen großer Zahlen erkennen lassen. Dies führt unvermeidlicherweise zu der Frage, ob es eine Vielheit von Universen gibt, worin die physikalischen Konstanten anders sind als in unserer Welt und die darum nicht erkannt werden können, weil sie nicht die charakteristischen Eigenschaften haben, die für eine organische Evolution wesentlich zu sein scheinen.

Als Theorie und Beobachtung eben die Natur des sich entwickelnden Universums deutlich zu machen begannen, hat A. N. Whitehead in seinen Lowell-Vorlesungen von 1925 diesen gegenwärtigen Stand der Kosmologie vorausgesehen:

„Der Glaube an die Naturordnung, der das Wachsen der Wissenschaft ermöglicht hat, ist der Sonderfall eines tieferen Glaubens ... Dazu ist keine Distanzierung von unserem eigenen Schatten nötig. Diesen Glauben erleben, heißt erfahren, daß wir, indem wir wir selbst sind, mehr sind als wir selber; heißt wissen, daß unsere Erfahrung, so schwach sie ist, so sehr sie Stückwerk ist, doch die äußersten Tiefen der Wirklichkeit auslotet; daß isolierte Einzelheiten, um überhaupt zu sein, einem System aller Dinge angehören müssen; daß dies System den Einklang der logischen Vernunft mit dem der ästhetischen Wirkung einschließt; und daß, wenn der Einklang der Logik als eiserne Notwendigkeit auf dem Universum lastet, die ästhetische Harmonie davor steht als ein lebendiges Ideal, das den allgemeinen Fluß der Dinge mit seinem vielfach gebrochenen Lauf in höherem und schönerem Sinne zur Mündung führt.“[175]

Anmerkungen

1. Cambridge, England: Cambridge University Press, 1933, S. 13–14.
2. Über ältere kosmologische Vorstellungen bis zurück ins dritte Jahrtausend v. Chr. siehe S. G. F. Brandon, *Creation Legends of the Ancient Near East* (London, 1963). Siehe auch *Ancient and Medieval Science from the Beginnings to 1450,* ed. René Taton (Paris, 1957; engl. Übers., London, 1963).
3. Francis Bacon, *The Advancement of Learning,* book 2: *The Proficience and Advancement of Learning Divine and Human* (London, 1605).
4. *De facie in orbe lunae,* Kap. 6, Seite 54/55 in: Plutarch *Moralia,* Bd. 12 der Loeb-Klassiker. (Cambridge, Mass. – London 1957). Griechisch: hôs kinûnta tû kosmu tèn hestían. ὡς κινοῦντα τοῦ κόσμου τὴν ἑστίαν
5. Man ist sich nicht völlig einig, ob Apollonios als erster die Epizykeltheorie aufgestellt hat. B. L. van der Waerden argumentiert zum Beispiel, daß im sechsten Jahrhundert v. Chr. die Pythagoreer eine geozentrische Theorie der Planetenbewegungen vertraten, beruhend auf der Annahme von Epizykeln und exzentrischen Kreisen, die für Sonne, Merkur und Venus gut war, aber für die anderen Planeten versagte. Er meint, daß Platon diese Theorie recht gut kannte und das Problem *aller* Planeten aufwarf, als er in den *Dialogen* seine berühmte Frage stellte: „Durch welche Annahmen gleichförmiger, geordneter Kreisbewegung kann man die Erscheinungen retten?" *Journal for the History of Astronomy 5* (1974), 175. Die von Eudoxos als Antwort auf diese Frage vorgeschlagene homozentrische Lösung war jener der pythagoreischen Epizykeltheorie nicht unterlegen, wenn alle bekannten Planeten in Betracht gezogen wurden. Ich bin George B. Kerferd zu Dank verpflichtet für die Ansicht, die Meinung unter modernen Gelehrten neige dazu, anzunehmen, daß Platon die Epizykeltheorie nicht gekannt hat, ebenso wenig wie Eudoxos und Apollonios, und daß die Idee der Epizykel, auch wenn sie nicht auf Apollonios zurückgeht, kurz nach Eudoxos einen unbekannten Ursprung gehabt haben könnte.

6. Der griechische Originaltitel des Werks war *Mathematiké Syntaxis* (Mathematische Zusammenstellung = Abhandlung). Später wurde es als *Große Syntaxis* bezeichnet. Heute ist es allgemein als *Almagest* bekannt – aus dem arabisierten *Megíste* (größte) *Syntaxis*.
7. *De Genesi contra Manichaeos,* um 390 n. Chr.
8. *Confessiones,* Buch 11, und *De civitate Dei,* Buch 11 haben Augustin von 413 bis 426 beschäftigt.
9. Deutsch zitiert nach der Luther-Übersetzung der Stuttgarter Priv. Württ. Bibelanstalt, ebenso weiter unten.
10. „Und Gott sprach: Es werde eine Feste zwischen den Wassern, und die sei ein Unterschied zwischen den Wassern. Da machte Gott die Feste und schied das Wasser unter der Feste von dem Wasser über der Feste. Und es geschah also."
11. „Von einem Punkt als weißerglühtem Kerne ...
    Sah um den Punkt ich einen Kreis geschlagen
    Und schneller als der schnellsten Himmel Drehen
    Ihn um sein Zentrum feuerflammend jagen;
    Sah einen zweiten dann um ihn entstehen,
    ein dritter ließ um jene zwei gezogen,
    Ein vierter sich, ein fünfter, sechster sehen.
    Um den sah ich ein siebtes Feuer wogen,
    So weit gespannt, daß, voll als Kreis beschrieben,
    Ihn nicht umfaßt der Götterbotin Bogen.
    Ein achter, neunter Kreis umzog die sieben,
    Und all ihr Kreisen war von mindrer Schnelle,
    Je ferner sie der Eins inmitten blieben."

    Dante Alighieri, *Die göttliche Komödie,* ital. u. deutsch von August Vezin, (Freiburg-Rom, o. J.). Seite 1071.
12. Thomas S. Kuhn, *The Copernican Revolution* (Cambridge, Mass.; Harvard University Press, 1957).
13. Zitiert ebenda, S. 119, aus Buridan: *Quaestiones super octo libros physicorum* (Paris, 1509).
14. Zitiert ebenda, S. 115, aus Oresme: *Le livre du ciel et du monde.*
15. Wahrscheinlich handelt es sich um französische Fälschungen aus dem neunten Jahrhundert.
16. *De revolutionibus* hier zitiert nach der deutschen Übersetzung von C. L. Menzzer, Thorn 1879 (Neudruck Leipzig 1939), Seite 6.
17. Ebenda, Seite 6/7.
18. Ebenda, Seite 6.

19. *Weltchronik (Liber chronicorum de historia aetatum mundi, cum descriptione urbium)* (Nürnberg, 1493).
20. Nicolai Copernici *De hypothesibus motuum coelestium a se constitutis COMMENTARIOLUS,* deutsch: Nikolaus Kopernikus, *Erster Entwurf seines Weltsystems,* lat. u. deutsch von Fritz Rossmann (München, 1948).
21. Zitiert nach Rossmann, S. 10.
22. Zitiert nach Menzzer, S. 28.
23. Vorwort zu *De revolutionibus;* zit. n. Menzzer, S. 5.
24. Josua *10,* 12/13: „Da redete Josua mit dem Herrn ... und sprach ...: ‚Sonne, stehe still zu Gibeon, und Mond, im Tal Ajalon!' Da stand die Sonne still und der Mond still, bis daß sich das Volk an seinen Feinden rächte ... Also stand die Sonne mitten im Himmel und verzog unterzugehen, beinahe einen ganzen Tag."
25. Tischreden *71* nach Walsch (1743), S. 580.
26. Arthur Koestler, *The Sleepwalkers* (London 1959). Hier zitiert nach der Übers. v. W. M. Treichlinger: A. Koestler, *Die Nachtwandler* (Bern-Stuttgart-Wien 1959), Seite 155.
27. Ebenda, Seite 156 nach der *Narratio prima* von Rheticus.
28. Ebenda, Seite 160/161.
29. Zitiert nach Menzzer, Seite 1.
30. Prediger Salomo *1,* 4/5: „Ein Geschlecht vergeht, das andere kommt; die Erde bleibt aber ewiglich. Die Sonne geht auf und geht unter und läuft an ihren Ort, daß sie wieder daselbst aufgehe."
31. Siehe White, *History of the Warfare of Science with Theology in Christendom,* (London, 1955), S. 127.
32. Psalm *93,* 1/2: „Der Herr ist König und herrlich geschmückt; der Herr ist geschmückt und hat ein Reich angefangen, so weit die Welt ist, und zugerichtet, daß es bleiben soll. Von Anbeginn steht dein Stuhl fest; du bist ewig."
33. *Genesiskommentar;* in White, a.a.O., S. 127.
34. Petrus Apianus (Peter Bienewitz), geb. 1501 in Leisnig (Sachsen), war Professor der Mathematik an der Universität Ingolstadt und wurde von Karl V. geadelt. Ihm folgte nach seinem Tode 1552 sein Sohn Philipp, der seinen Lehrstuhl aufgeben mußte, als er sich dem Protestantismus zuwandte. Danach wurde er Professor für Mathematik und Astronomie an der Universität Tübingen, wo er 1589 starb.
35. Karl V. (1500–1558) war von 1516 bis 1556 König von Spanien und von 1519 bis 1556 Kaiser. Auf dem Höhepunkt

seiner Macht regierte er über ein riesiges Reich, das Spanien, Deutschland, die Niederlande, Österreich und Italien umfaßte. Er zog sich 1556 in das Hieronymitenkloster Yuste in Estremadura zurück, wo er 1558 starb.

36. Erasmus Reinhold, *Prutenicae tabulae coelestium motuum* (Tübingen, 1551). Die Tafeln heißen nach Reinholds Gönner, dem Herzog in Preußen. Sie wurden bei der Kalenderreformation durch Gregor XIII. 1582 benutzt.

37. Rheticus siedelte zu seiner neuen Stellung an der Universität Leipzig während des Drucks von *De revolutionibus* 1542 über. Dort blieb er nur weniger als drei Jahre. Näheres über sein unstetes Leben danach bis zu seinem Tode 1576 bei Koestler, *Die Nachtwandler* (s.o.).

38. Die Zitate in diesem Kapitel nach Tycho Brahe, *Astronomiae instauratae mechanica* (Wandesburgi, 1598), nach der Übersetzung von H. Raeder, E. u. B. Strömgren (Kopenhagen, 1946).

39. Einhunderttausend Rigsdalers (Reichstaler, damals eine Silbermünze im Wert etwa einer englischen Krone).

40. 28. November 1580, 8. Oktober 1585, 8. Februar 1590, 19. Juli 1593 und 25. Juli 1596. Alle diese und auch der Komet von 1577 gelten als langperiodisch und sind seither nicht wieder beobachtet worden. Ihre Perioden betragen wahrscheinlich mehr als tausend Jahre.

41. Die Gedanken über Wesen und Herkunft der Kometen haben heute eine Parallele. Erst kürzlich haben sich die Astronomen allgemein darauf geeinigt, daß alle Kometen ständig dem Einfluß des Schwerefeldes der Sonne unterliegen; das heißt, sie sind ständige Mitglieder des Sonnensystems und nicht etwa zufällige Besucher aus dem Weltraum, die sich nur zeitweilig unter dem Einfluß der Sonne bewegen. Manche bewegen sich in kurzperiodischen Umlaufbahnen von ein paar Jahren, andere sind langperiodisch und bisher nur einmal erschienen. Über die wahre Natur und den Ursprung der Kometen im Sonnensystem bleibt noch manches unklar.

42. Siehe A. D. White, *A History of the Warfare of Science with Theology in Christendom* a.a.O., S. 175.

43. Später als Halleys Komet bekannt. Der Komet ist zuletzt 1910 erschienen, hat eine Periode von 75 Jahren und sollte 1985 wieder in Sonnennähe kommen. T. Kiang hat ihn nach chinesischen Aufzeichnungen über 29 Erscheinungen zurück-

verfolgt, bis 239 v. Chr. Siehe „The Past Orbit of Halley's Comet" in *Mem. Roy. Astr. Soc.* 76 (1971), 27.

44. White, a. a. O. S. 177.
45. Ebenda, Seite 184.
46. Michael Maestlin wurde 1550 in Göppingen geboren. Er wurde 1580 Professor der Mathematik in Heidelberg und 1584 desgleichen in Tübingen, wo er der Lehrer des jungen Kepler wurde. Er starb 1631.
47. John Donne, *An Anatomie of the World: The First Anniversary* (1611).
48. Siehe auch die Anmerkungen zu Petrus Apianus und Maestlin (Anm. 34 u. 46). Philip Apianus folgte seinem Vater Petrus auf dem Lehrstuhl für Mathematik in Ingolstadt 1552 im Alter von einundzwanzig Jahren. Nachdem er protestantisch geworden war, wurde er gezwungen, den Lehrstuhl aufzugeben, dann aber zum Professor für Mathematik und Astronomie in Tübingen ernannt. Aber 1584 mußte er resignieren. Maestlin wurde sein Nachfolger. Das lutherische *Konkordienbuch* (1580) enthält die neun Symbolischen Bücher (Bekenntnisschriften) der Lutherischen Kirche, einschließlich der *Konkordienformel* (1577), die von sechs lutherischen Theologen konzipiert wurde, um die Streitigkeiten zu beenden, die während eines Vierteljahrhunderts nach Luthers Tod (1546) die Kirche verwirrten. Ihre Annahme führte zur Abtrennung der Reformierten Kirche.
49. Tübingen, 1596.
50. Tycho und Kepler trafen sich im Februar 1600 in Schloß Benatek bei Prag, das Tycho als Hauptquartier gewählt hatte; aber dieser Begegnung war ein zweijähriger Briefwechsel vorausgegangen.
51. „Eine neue Astronomie, gegründet auf Ursächlichkeit *(causation)*, oder, eine Physik des Himmels, abgeleitet aus Erforschungen der Bewegung des Sterns Mars, gegründet auf Beobachtungen des edlen Tycho Brahe."
52. Harmonices mundi ... (Linz, 1619).
53. Siehe A. D. White, a. a. O., S. 168.
54. A. Koestler, a. a. O., Seite 361.
55. Zwei von Galilei in Florenz aufbewahrte Fernrohre haben Linsen mit 4 und 4,4 cm Durchmesser und 95 und 125 cm Brennweite.
56. In seinem *Dialog über die beiden hauptsächlichsten Weltsysteme* ... läßt Galilei am vierten Tage Salviati argumentieren,

daß die Gezeiten analog der Bewegung des Trinkwassers in den Kähnen auf der Lagune von Venedig wären (das heißt, es floß rückwärts oder vorwärts, wenn die Schiffe beschleunigt oder gebremst wurden). Entsprechend schloß er, daß die Gezeiten des Ozeans durch eine Kombination der zwei Bewegungen der Erde (um die Sonne und um ihre eigene Achse) entstünden. Kepler hatte schon richtig erkannt, daß die Haupteffekte der Gezeiten mit dem Mond zusammenhängen.

57. T. S. Kuhn, *The Copernican Revolution* (Cambridge Mass., 1957). Vgl. Anm. 12.
58. Siehe Kapitel 2.
59. Der vollständige Text dieses Briefes bei Giorgio de Santillana, *The Crime of Galileo* (Chicago, 1955, London, 1958), S. 98–100.
60. Ebenda, S. XII/XIII.
61. *Paradise Lost.*
62. Zitiert nach T. S. Kuhn, *The Copernican Revolution* (s.o.); Ins Deutsche übers. v. H. Kühnelt: *Die kopernikanische Revolution* (Braunschweig-Wiesbaden, 1981) – hier S. 217.
63. Mit seiner Idee, daß Magnetkräfte zwischen der Sonne und den Planeten einen bedeutsamen Einfluß im Sonnensystem hätten, hat Kepler auch gewisse theoretische Entwicklungen aus neuerer Zeit vorausgeahnt, wonach magnetische Drehmomente im Sonnensystem bemüht wurden, um die Anomalie zu erklären, daß das Drehmoment des Sonnensystems in dem Planeten konzentriert ist und nicht in der Sonne, die 750mal massereicher ist als der ganze Rest des Planetensystems.
65. Der Aspekt der Physiologie, welcher Muskelbewegungen nach mechanischen Prinzipien behandelt, wurde von Borelle begründet und entwickelt.
65. Siehe E. N. Da. C. Andrade, „Robert Hooke FRS“, *Notes and Records of the Royal Society 15* (1960), 137.
66. *Micrographia or Some Physiological Descriptions of Minute Bodies made by Magnifying Glasses with Observations and Inquiries thereupon* (London: Royal Society, 1665).
67. Das Gregory-Teleskop war von dem schottischen Mathematiker James Gregory (1638–1675) entworfen, aber Hooke scheint das erste praktische Instrument hergestellt zu haben. In diesem Teleskop wird das Licht von dem parabolischen Primärspiegel zu einem konkaven, ellipsoidischen Sekundärspiegel geworfen. Davon wird dann das Licht entlang der

Achse noch einmal reflektiert und tritt durch ein zentrales Loch im Primärspiegel in das Okular oder Aufzeichnungssystem, welche hinter dem Primärspiegel angebracht sind. Das häufiger benutzte Cassegrain-System hat eine ähnliche Anordnung, aber in diesem Fall ist der Sekundärspiegel hyperbolisch und konvex. Der große Vorteil beider Systeme ist, daß bei langbrennweitigen Teleskopen, wo der Primärfocus schwer zugänglich ist, der Beobachter oder entsprechendes Gerät nahe der Basis des Teleskops seinen Platz haben kann.

68. Siehe Kapitel 11.

69. *An attempt to Prove the Motion of the Earth from Observations* (London, 1674) eröffnete eine Reihe von Arbeiten, die publiziert wurden als *Lectiones Cutlerianae or a Collection of Lectures Physical Mechanical Geographical and Astronomical Made before the Royal Society on several occasions at Gresham College. To which are added divers Miscellaneous Discourses* (London, 1679). Diese *Lectiones Cutlerianae* waren nach Sir John Cutler benannt, der Hooke Geld versprach, das niemals bezahlt wurde.

70. Eine Legierung aus Zinn, Arsen und Kupfer, die Newton selbst herstellte.

71. Vgl. Anm. 67.

72. *Philosophiae naturalis principia mathematica.*

73. Man kannte keine wirksame medizinische Behandlung. In London starb binnen dreier Monate mehr als ein Zehntel der Bevölkerung.

74. Zu Text und Kommentar dieses Memorandums siehe I. B. Cohen, *Introduction to Newton's Principia* (Cambridge, England, 1971) S. 291/292.

75. *Notes and Records of the Royal Society 19* (1964), 131.

76. John Wallis (1616–1703), Mathematiker, dem die Einführung des Symbols für „unendlich“ zuerkannt wird.

77. Über Halleys bemerkenswerte Laufbahn berichtet Colin A. Ronan in *Edmond Halley, Genius in Eclipse* (New York, 1969; London, 1970). Halley starb 1742. Im Jahre 1720, als er vierundsechzig Jahre alt war, wurde er der zweite Astronomer Royal.

78. Über Zusammenhang und Quelle dieses Auszuges siehe Cohen, a.a.O., Seite 50.

79. Wirklich unglaublicher Zustand. Die Royal Society war so arm dran, daß sie Halleys Gehalt von 50 Pfund jährlich nicht bar bezahlen konnte. Die Akten des Councils geben an, daß

Halley fünfzig Exemplare von Willoughby *Historia piscium* anstelle der 50 Pfund erhalten sollte.

80. Ungebundene Exemplare des Buches wurden für 6 Shilling verkauft. Eine Originalausgabe wechselte 1979 den Besitzer für 5000 Pfund Sterling.
81. Die Achse der Erdbahn hatte sich um 5 Grad verändert seit jener Zeit. Euler wurde schon früh blind.
82. *Traité de mécanique céleste* (1799–1825).
83. London, 1576. Enthält auch den Nachtrag durch seinen Sohn. Der Titel lautet im Original: *A Prognostication everlastinge,* der Nachtrag hieß: *A Perfit Description of the Caelestiall Orbes according to the most aunciente doctrine of the Pythagoreans, lately revived by Copernicus and by Geometricall Demonstrations approved.*
84. Boyle starb 1691. In seinem Testament richtete er eine jährliche Vorlesung „für die Verteidigung der Religion gegen Ungläubige" ein.
85. H. W. Turnbull, ed., *The Correspondence of Isaac Newton* (Cambridge, England, Cambridge University Press for the Royal Society, 1961), vol. 3, letter 398. Diese Stelle steht in dem ersten von vier Briefen an Richard Bentley zu einer Zeit, wo dieser Pfründner und Kaplan des Bischofs von Worcester war. Das Originalmanuskript befindet sich im Trinity College in Cambridge.
86. Sir Isaac Newton, *Opticks: or, a Treatise of the Reflections, Refractions, Inflexions and Colours of Light.* (London, 1704), query 31. Diese Stelle kommt in der 2., 3. und 4. englischen Auflage vor.
87. Die Octagon Chapel, 53 Fuß Durchmesser und bis zur Laterne der Kuppel 53 Fuß hoch, wurde 1767 eröffnet und blieb mehr als hundert Jahre lang eine beliebte Kapelle, Invaliden als eine Kirche empfohlen, wo es nicht zog und trocken war, und als eine Stätte, wo man gute Predigten hören konnte. Das Gebäude befindet sich jetzt im Besitz der Gemeinde Bath und dient mannigfachen Aktivitäten.
88. Sechzehn Jahre später, 1787, entdeckte Herschel noch zwei Satelliten dieses Planeten.
89. William Herschel, „An account of some Observations tending to investigate the Construction of the Heavens", *Phil. Trans. R. Soc. Lond.* 74 (1784), 437–51. Verlesen am 17. Juni 1784. Ders. „On the Construction of the Heavens", *Phil. Trans. R. Soc. Lond.* 75 (1785). Verlesen am 3. Februar

1785. Ders., „Catalogue of a second Thousand of the new Nebulae and Clusters of Stars; with a few introductory Remarks on the Construction of the Heavens“, *Phil. Trans. R. Soc. Lond.* 79 (1789), 212–55. Verlesen 11. Juni 1789.

90. Über Herschel als Konstrukteur von Spiegelteleskopen berichtet ausführlich J. A. Bennet, „‚On the power of penetrating into space‘: The telescopes of William Herschel“, *Journal for the History of Astronomy* 7 (1976), 75.
91. Robert Smith, *A Compleat System of Opticks* (Cambridge, 1738). Robert Smith (1689–1768) war Professor der Astronomie und Experimentalphilosophie und Master am Trinity College der Universität Cambridge.
92. London, 1750; H. Chapelle. Ein Faksimilenachdruck zusammen mit der Erstauflage von „A Theory of the Universe“ (1734) wurde mit Einführung und Transkription von M. A. Hoskin bei MacDonald (London) und Elsevier (New York) 1971 veröffentlicht.
93. Immanuel Kant, *Allgemeine Naturgeschichte und Theorie des Himmels* (Königsberg u. Leipzig, 1755).
94. M. A. Hoskins, *William Herschel and the Construction of the Heavens* (London, 1963) S. 115.
95. William Herschel „On the Parallax of the Fixed Stars“, *Phil. Trans. R. Soc. Lond.* 72 (1782), 82–111. – Mitgeteilt durch Sir Joseph Banks, Bart., P.R.S. Verlesen 6. Dezember 1781.
96. John Michell, „An inquiry into the probable Parallax, and Magnitude of the fixed Stars, from the Quantitiy of Light which they afford us, and the particular Circumstances of their Situation“, *Phil. Trans. R. Soc. Lond.* 57 (1767), 234–64. Verlesen 7. u. 14. Mai 1767. John Michell lebte von 1724 bis 1793. Er war der Erfinder der Drehwaage und wurde 1760 zum Fellow der Royal Society gewählt.
97. *Phil. Trans. R. Soc. Lond.* 74 (1784), 56.
98. Herschels Berichte über diese Veränderungen der relativen Position und seine Folgerung, daß die Doppelsterne Binärsysteme wären, erschienen in drei Veröffentlichungen: „Catalogue of 500 new Nebulae, nebulous Stars, planetary Nebulae, and Clusters of Stars; with Remarks on the Construction of the Heavens“, *Phil. Trans. R. Soc. Lond.* 92 (1802), 477–528. Verlesen 1. Juli 1802. „Account of the Changes that have happened, during the last Twenty-five Years, in the relative Situation of Double-stars; with an investigation of the Cause to which they are owing“, *Phil. Trans. R. Soc.*

Lond. 93 (1803), 339–82. Verlesen 9. Juni 1803. „Continuation of an Account of the Changes that have happened in the relative Situation of double stars“, *Phil. Trans. R. Soc. Lond. 94* (1804), 353–84. Verlesen 7. Juni 1804.

99. Johann H. Lambert, *Cosmologische Briefe über die Einrichtung des Weltbaues* (Augsburg, 1761).
100. Nicholas de la Caille (auch Lacaille) „Sur les étoiles du ciel austral“, *Hist. Acad. R. Sci. Paris,* 1755.
101. Charles Messier, „Catalogue des Nebuleuses et des amas d'Étoiles“, *Connaiss. Temps (Paris)* 1783 (1780), 225–49. Dieser Katalog enthielt 68 Objekte. „Catalogue des Nebuleuses et des amas d'Étoiles“ *Connaiss. Temps (Paris)* 1784 (1781), 227–69. Hier findet man die volle Liste von 103 Objekten.
102. William Herschel, „On Nebulous Stars, properly so called“, *Phil. Trans. R. Soc. Lond. 81* (1791), 71–88. Verlesen 10. Februar 1791.
103. Nachdruck in *Royal Institution Library of Science: Astronomy* (London, 1970), 1 : 42.
104. Agnes Clerke, *The System of the Stars* (London, 1890). Dieses Buch und alle folgenden Auflagen in den folgenden fünfzehn Jahren hielten die Ansicht aufrecht, daß kein einziger Nebel ein der Milchstraße an Rang vergleichbares Sternsystem wäre.
105. William Herschel, „Astronomical Observations relating to the sidereal part of the Heavens, and its Connection with the nebulous part; arranged for the purpose of a critical Examination“, *Phil. Trans. R. Soc. Lond. 104* (1814), 248–84. Verlesen 24. Februar 1814.
106. Der moderne Wert ist 8,7 Jahre.
107. Einen Bericht über diese Entdeckung und Herschels Leben kann man finden in R. V. Jones, „Through Music to the Stars – William Herschel 1738–1822“, *Notes and Records of the Royal Society 33* (1978), 37.
108. Ein populärer Autor über Naturwissenschaft in der griechisch-römischen Welt; Datum unbekannt, aber wahrscheinliches frühes zweites Jahrhundert v. Chr.
109. Diese eindrucksvolle Genauigkeit ist etwas zufällig, weil in den Berechnungen von Eratosthenes zwei sich aufhebende Fehler steckten. Die Entfernung zwischen Syene und Alexandria beträgt 5346 ägyptische Stadien und nicht 5000; aber dieser Fehler wird ausgeglichen durch die Tatsache, daß Era-

tosthenes annahm, beide Städte lägen auf dem gleichen Meridian.

110. Pierre d'Ailly, geboren zu Compiègne in der Picardie im Jahre 1350, war ein hochberühmter französischer Prälat, Metaphysiker und Theologe. Er wurde 1384 *grandmaître* des Collegiums von Navarra in Paris, wo seine glänzenden Vorlesungen großen Zuspruch fanden. Er wurde 1389 Kanzler der Pariser Universität und 1411 vom Gegenpapst Johannes XXIII. (Baldassare Cossa) zum Kardinal befördert. Er starb um 1425.

111. Die wichtigen Stellen lauten Vers 42: „Am dritten Tage befahlest du, daß sich die Wasser im siebenten Teil der Erde sammeln sollten; sechs Teile hast du trocken gemacht und gehalten, in der Absicht, daß einige davon von Gott mit Pflanzen versehen und, um dir zu dienen, beackert würden." Und Vers 47: „Am fünften Tage sagtest du zu dem siebenten Teil, wo die Wasser gesammelt waren, daß er hervorbringen sollte lebende Geschöpfe, Geflügel und Fisch; und so geschah es dann auch." (In der Luther-Bibel ist diese apokryphe Schrift nicht enthalten.)

112. Die allgemeine Meinung, daß man durch Seefahrt nach Westen den Orient erreichen könnte, teilte auch Kolumbus. Als er am 12. Oktober 1492 Land sichtete (die Bahamas), war er überzeugt, Indien erreicht zu haben.

113. Ein von Kolumbus mit Anmerkungen versehenes Exemplar von d'Aillys Buch befindet sich in der Bibliothek von Sevilla. Ein Brief des Kolumbus, in dem er zugibt, dem auf das Buch Esra beruhenden Irrtum zum Opfer gefallen zu sein, steht in *Viajes y descubrimientos* von Navarete (Madrid, 1825) *1*, S. 242, 264.

114. William Gascoigne fiel in der Schlacht von Marston Moor am 2. Juli 1644.

115. Bis 1771 waren alle Astronomen am Observatorium Akademiemitglieder und galten als gleichrangig. Eine vierte Cassini-Generation (Jean Dominique, 1748–1845) wurde mit zwanzig Jahren auf See geschickt, um Marinechronometer zu erproben. Jean Dominique wurde, als er schließlich wieder zur Sternwarte zurückgekehrt war, großenteils mit administrativen Aufgaben beschäftigt. Im Jahr 1794 wurde er als Aristokrat verhaftet, aber endlich doch wieder aus dem Gefängnis entlassen. Er wurde 97 Jahre alt.

116. Die peruanischen Messungen machten Pierre Bouguer, Charles Marie de la Condamine und Louis Goden. Die Expedition nach Lappland leitete Pierre Louis Moreau de Maupertius. Die Ergebnisse wurden in dem klassischen Werk von Bouguer *La Figure de la terre* publiziert. Ein Mitglied der Expedition von Maupertius war Alexis Claude Clairaut, ein berühmtes Mitglied der Académie française. Außer seiner Arbeit über die Gestalt der Erde berechnete er die Störungen des Halleyschen Kometen durch die größeren Planeten und sagte die Wiederkehr desselben auf einen Monat genau voraus.
117. Inzwischen sind noch weitere Senkungen und Buckel in der Erdfigur bekanntgeworden. Zum Beispiel gibt es südlich von Indien eine Depression von 113 Metern und in der Nähe von Großbritannien eine Erhebung von 60 Metern. Einen allgemeinen Bericht über diese Arbeiten gibt D. G. King-Hele, *Satellites and Scientific Research* (London, 1960), S. 91; und *Qu. Jr. Roy. Astr. Soc.* (Vierteljahrsschrift der Königlichen Astronomischen Gesellschaft) *13* (1972), 374.
118. Der Hl. Basilius der Große, geboren in Caesarea in Kappadokien um 330, war ein berühmter Kirchenlehrer, Organisator des Mönchtums und von hoher praktischer Frömmigkeit. Er starb am 1. Januar 397.
119. Hipparch montierte zwei vertikale Scheiben, eine fest und eine beweglich, auf einer horizontalen Unterlage. Die feste Scheibe hatte ein Loch und die vertikale deren zwei, eines über dem anderen. Er visierte zum Beispiel den Mond durch das Loch in der festen Scheibe an und bewegte dann die andere, bis deren beide Löcher mit dem unteren und oberen Rand der Mondscheibe zusammenfielen.
120. Ein Durchgang über den Zentralmeridian der Sonne dauert ungefähr acht Stunden. Im Jahre 1639, zweiundfünfzig Jahre, bevor Halley seine Arbeit veröffentlichte, hatten Horrocks und Crabtree in England einen Venusdurchgang beobachtet. Sie haben wohl auch vorgeschlagen, die Beobachtung als Basis zur Messung der Sonnenparallaxe zu benutzen.
121. Eine Erläuterung der Gewinnung der Sonnenentfernung aus Durchgangszeiten findet sich etwa in C. A. Ronan, *Edmond Halley: Genius in Eclipse* (New York, 1969; London, 1970), Kap. 8. Ausführliche Details der Expeditionen von 1761 und 1769 gibt H. Wolf, *The Transits of Venus* (Princeton, 1959).
122. Das nächste Paar von Durchgängen wird am 8. Juni 2004 und 6. Juni 2012 eintreten.

123. Der Kleine Planet Eros wurde 1898 entdeckt. Er kommt der Erde ungewöhnlich nahe.

124. Die sowjetischen Spezialisten beabsichtigten, den die Sonde kontrollierenden Sender für Radarmessungen der Entfernung des Planeten während des Hinfluges zu benutzen. Damit hatten sie Erfolg; aber das Gerät flog am 19./20. Mai 1961 in 100000 km Abstand an der Venus vorbei. – Eine Zusammenstellung aller Venussonden vom Stand Juni 1982 gibt H. W. Köhler in *Sterne und Weltraum 21* (1982) 283.

125. Unter Annahme, daß der Erdhalbmesser 3250 Römische Meilen betrüge.

126. Das Licht reist mit endlicher Geschwindigkeit. Wenn das Licht eines Sterns den Beobachter auf der Erde erreicht, sind die relativen Positionen von Stern und Erde nicht mehr dieselben wie in dem Moment der Lichtausstrahlung. Der Aberrationswinkel wird durch das Verhältnis der Geschwindigkeit der Erde in ihrer Bahn um die Sonne zur Lichtgeschwindigkeit bestimmt.

127. Der Stern Gamma Draconis hat, wie man jetzt weiß, eine Entfernung von 36 Parsec (1 Parsec = $30{,}86 \cdot 10^{12}$ km oder 3,26 Lichtjahre). Seine Parallaxe beträgt 0,028 Bogensekunden und ist also ungefähr achtzehnmal kleiner als die von Bradley angegebene Untergrenze.

128. Siehe Kapitel 9.

129. Bradley und die Aberration des Lichts, Herschel und Doppelsternsysteme, sowie 1960–63 die Suche nach weit entfernten Radiogalaxien führten zu der Entdeckung von Quasaren.

130. Die nächsten, uns heute bekannten Sterne sind ungefähr vierzig Billionen (Millionen mal Millionen) Kilometer entfernt.

131. Sohn von Sir William (Wilhelm) Herschel.

132. *Monthly Notices Royal Astron. Society 5* no. 4 (14. Feb. 1840), 32.

133. Ebenda, no. 12 (12. Feb. 1841), 89. Mit den „drei verschiedenen Stellen" waren die inzwischen bekanntgewordenen ähnlichen Messungen von Thomas Henderson und Wilhelm Struve mit angesprochen.

134. Jacobus Kapteyn am 22. Mai 1908. Die Vorlesung ist nachgedruckt in *Royal Institution Library of Science: Astronomy* (Holland, Elsevier 1970), *2*, 78.

135. Das maschinengeschriebene Originalmanuskript dieser Ansprache befindet sich in den Harvard-Archiven. Es wurde abgedruckt in *Journal Hist. of Astr.* 7 (1976), 175.

136. Siehe E. Hubble, *The Realm of the Nebulae* (New York, 1958), S. 143, für den Hubbleschen Wert. Für den neueren Wert siehe G. de Vaucouleurs, *Astrophysical Journal 223* (1978), 730.
137. E. Hubble, in *Proc. Nat. Acad. Sci. Amer. 15* (1929), 168.
138. E. Hubble, *The Realm of the Nebulae.* Hier und im folgenden zitiert nach der deutschen Übersetzung durch K. O. Kiepenheuer: *Das Reich der Nebel* (Braunschweig, 1938). Dieses Zitat dort auf Seite 117.
139. Ein Megaparsec ist eine Million Parsec oder 3,262 Millionen Lichtjahre. Obwohl die Geschwindigkeitsangaben in kosmischem Maßstabe hoch sind, erscheinen sie doch sehr geringfügig, wenn man auf die Entfernung der nächsten Sterne zurückgeht – etwa fünfzig Zentimeter in der Sekunde.
140. A. Sandage in *Q. J. R. Astr. Soc. 13* (1972), 282.
141. *Opticks* (London, 1717). Diese Stelle steht auf S. 375/76 der 2. Auflage. Sie kommt in der 1. Auflage von 1704 nicht vor.
142. *Philosophiae naturalis principia mathematica;* deutsch *Mathematische Principien der Naturlehre,* übers. v. J. Wolfers (Berlin 1872). Hiernach im folgenden zitiert. Dieses Zitat in Buch 2, Abschnitt 9, Zusatz 6 – Wolfer Seite 370.
143. A. S. Eddington, *The Philosophy of Physical Science* (Cambridge, England, 1939) Kap. 9.
144. Die dritte von drei in diesem Jahr von Einstein veröffentlichten Arbeiten. Die erste wandte die Quantentheorie auf den photoelektrischen Effekt an (wofür Einstein 1921 den Nobelpreis bekam), und die zweite betraf eine mathematische Analyse der Brownschen Bewegung in Flüssigkeiten.
145. *Principia,* Wolfers S. 25.
146. *Principia,* Wolfers S. 146.
147. Eine zusammenfassende allgemeine Darstellung etwa bei Ronald W. Clark, *Einstein, The Life and Times* (New York u. London, 1973).
148. Eddington, *The Philosophy of Physical Science,* Kap. 5.
149. A. Einstein, *Sitzungsberichte der Preussischen Akademie der Wissenschaften* (Berlin, 1917), S. 145.
150. W. de Sitter „On Einstein's Theory of Gravitation and Its Astronomical Consequences", *Monthly Not. R. Astr. Soc. 78* (1917), 3.
151. E. Hubble w. o., Kapitel 8.
152. Das achtundvierzigzöllige Schmidt-Teleskop in Siding Spring (Australien), das photographisch die 23. Größenklasse er-

reicht. Siehe R. J. Dodd, D. H. Morgan, K. Nandy, V. C. Reddish und H. Seddon in *Monthly Not. R. Astr. Soc. 171* (1975), 329.

153. Auch Friedmann-Zeit genannt.

154. Mit Ausnahme einer Klasse von Lösungen der von Lemaître erschöpfend aufgestellten und untersuchten Gleichungen, wo die kosmologische Konstante einen positiven Wert hat. Lemaître nahm an, daß ursprünglich zur Zeit „null" das „Ur-Atom" des Universums explodierte. Nach ein paar Jahrmilliarden war die Kraft dieser Urexplosion erschöpft, und das Universum ging in eine lange Periode der Stabilität über, wobei es gleichförmig von urtümlichem Gas erfüllt war. Schließlich kam es zu Kondensationen, und die kosmischen Wegstoßkräfte (durch den positiven Wert der kosmologischen Konstanten bedingt) führten zu der heute beobachteten Expansion des Weltalls. In diesem Fall bezieht sich die Hubblekonstante auf den Beginn der Expansion und nicht die lange, vorangegangene Periode des Universums, die in Theorie oder Beobachtung unbestimmt bleibt.

155. H. Bondi und T. Gold, *Monthly Not. R. Astr. Soc. 108* (1948) 252.

156. F. Hoyle, ebenda, *108* (1948), 372.

157. Diese Ergebnisse wurden gleichzeitig veröffentlicht von R. H. Dicke, P. J. E. Peebles, P. G. Roll und D. T. Wilkinson von Princeton in *Astrophysical Journal 142* (1965), 414, und A. A. Penzias und R. W. Wilson von den Bell Telephone Laboratories in *Astroph. J. 142* (1965), 419. Penzias und Wilson hatten die Priorität bei der Entdeckung und erhielten 1978 den Nobelpreis für Physik.

158. Diese Überlegung beruht auf dem „Standardmodell" für einen Stern, welches annimmt, daß die Sternatmosphäre durch inneren Gasdruck getragen wird, so daß kein Kollaps eintreten kann. Die Einzelheiten der Rechnung sagen voraus, daß Kernreaktionen Neutrinos hervorbringen müßten. Kürzlich fand man, daß der Neutrinostrom von der Sonne mindestens dreimal kleiner war, als vom Standardmodell her zu erwarten war. Man untersucht jetzt alternative Modelle, um beobachteten und vorausberechneten Neutrinostrom in Übereinstimmung zu bringen. Diese führen auf Änderungen in dem Wasserstoffanteil, der verbraucht werden muß, ehe das Stadium des Roten Riesen erreicht wird. Dadurch werden auch die berechneten Altersangaben beeinflußt.

159. Siehe zum Beispiel: F. A. Fowler in *Bulletin of the American Academy of Arts and Sciences 32* (November 1978), 32.
160. *Das Reich der Nebel,* S. 187.
161. Eine knappe, leichtverständliche Darstellung hat Steven Weinberg gegeben: *The First Three Minutes* (New York u. London, 1977). Der physikalische und mathematische Hintergrund ist Gegenstand vieler Publikationen in wissenschaftlichen Zeitschriften. Ein maßgebendes Werk ist: M. Rees, R. Ruffini und O. A. Wheeler, *Black Holes, Gravitational Waves and Cosmology* (New York, 1974). Kürzer ist J. Kleczek *The Universe* (1976), besonders Kapitel 5.
162. *Weltharmonik,* übers. v. Max Caspar (München-Solln, 1939), S. 347/48 (frdl. Mittlg. v. Prof. Dr. V. Bialas, Kepler-Kommission der Bay. Akad. d. Wiss.). Das lat. Original in Bd. 6 der Akademieausgabe von Keplers Gesammelten Werken auf Seite 360.
163. *Opticks* (2. Aufl., London, 1717), query 31. Diese Stelle fehlt in der 1. Aufl. (1704).
164. *Principia,* Buch 3, Abschnitt 5; Wolfers S. 508. Die Erwähnung „ungeheurer Entfernungen" in diesem Abschnitt wurde später in der Korrespondenz zwischen Newton und Bentley in dem Sinne erläutert, daß sie als Hinweis auf die unendliche Ausdehnung des Universums zu verstehen sei (siehe Kapitel 9). Die unterschiedlichen Erwähnungen Gottes in den verschiedenen Auflagen der *Principia* wurden von Cohen diskutiert. Siehe I. B. Cohen, *Isaac Newton's Principia, the Scripture and Divine Providence,* in *Essays in Honor of Ernest Nagel: Philosophy, Science and Method* (New York, 1969).
165. Es war eine gemeinsame Sitzung der Royal Society und der Royal Astronomical Society, bei der der Präsident der Royal Society, Sir J. J. Thomson, den Vorsitz hatte. Zu jener Zeit hatte die Royal Society ihre Räume im Burlington House.
166. Die Vorhersage wurde schließlich 1925 durch W. S. Adams von Mt. Wilson durch die Verschiebung der Spektrallinien des Weißen Zwerges Sirius B bestätigt.
167. A. N. Whitehead, *Science and the Modern World* (London, 1926), Kapitel 1. Deutsch von G. Tschiedel u. F. Bondy: *Wissenschaft und moderne Welt* (Zürich, 1949), Seite 13.
168. „The Fabric of the Universe", *The Times* (London), 7. Nov. 1919, S. 13.
169. Albert Einstein, Mein Weltbild (Amsterdam, 1934 u.ö.), S. 21.

170. A. S. Eddington, *Relativity Theory of Protons and Electrons* (Cambridge, 1936); ders., *Fundamental Theory* (Cambridge, 1946). Eddington versuchte auch, diese schwierigen Gedanken in einem populären Buch zu erklären: *The Expanding Universe* (Cambridge, 1933), Kapitel 4. Eddington lebte von 1882 bis 1944. *Fundamental Theory* erschien posthum.
171. *The Expanding Universe,* S. 126.
172. P. A. M. Dirac, in *Nature 139* (1937), 323. Siehe auch *Proc. Roy. Soc. A. 165* (1938), 199.
173. Dieser Ausdruck wurde wohl mit am frühesten gebraucht in dem Beitrag von B. Carter zum Symposium der Internationalen Astronomischen Union, das 1973 in Polen zu Ehren des fünfhundertsten Jahrestages der Geburt von Copernicus abgehalten wurde. Siehe B. Carter, „Large Number Coincidences and the Anthropic Principle in Cosmology" in *Confrontation of Cosmological Theories with Observational Data* (Reidel, 1974), S. 291.
174. Einen umfassenden Überblick der außerordentlichen Beziehungen, die in der ganzen Skala des Kosmos von Atomen über Zellen, den Menschen, Planeten, Sterne und das Universum zum Ausdruck kommen, haben kürzlich B. J. Carr und M. J. Rees gegeben: „The Anthropic Principle and the Structure of the Physical World", *Nature 278* (1979), 605.
175. *Science and the Modern World* (s. o.), deutsch Seite 24/25.

Literatur

In Ergänzung zu den in den Anmerkungen angeführten Originalpublikationen wird hier eine Auswahl neuerer deutschsprachiger und einem größeren Leserkreis verständlicher Werke angeführt.

Allgemein

(1) Handbuch für Sternfreunde, hrsg. v. D. G. Roth, 3. Aufl., Berlin-Heidelberg-New York, 1981. Hier besonders im Literaturverzeichnis 24.3.2. Biographie und Geschichte (S. 671 f.).

(2) Jürgen Teichmann, Wandel des Weltbildes – Astronomie, Physik und Meßtechnik in der Kulturgeschichte, München 1980 (über Buchhandlung im Deutschen Museum erhältlich). Hier wichtig wegen der Abbildungen und weiterer Literaturangaben.

(3) Winfried Petri, Das Weltbild im Wandel der Zeiten, Hannover (Ch. Jaeger), o. J. Kurze Darstellung mit Abbildungen als Begleitheft zu einer Reihe von sechs Bildtafeln.

Frühgeschichte

(4) Edwin C. Krupp, Astronomen, Priester, Pyramiden – Das Abenteuer Archäoastronomie, München (C. H. Beck) 1980. Übers. v. W. Petri. Diese Thematik wurde von Lovell nicht behandelt.

(5) B. L. van der Waerden, Die Anfänge der Astronomie (Erwachende Wissenschaft II), Groningen o. J. (1966).

(6) Winfried Petri, Astronomische Grundlagen der Ortung und Zeitbestimmung, in B. Hrouda (Hrsg.), Methoden der Archälogie – Eine Einführung in ihre naturwissenschaftlichen Techniken, München (C. H. Beck). 1978, S. 175–207.

Kosmologie

(7) Felix Schmeidler, Alte und moderne Kosmologie, Berlin (Duncker & Humblot) 1962.

(8) Bernhard Sticker, Bau und Bildung des Weltalls – Kosmologische Vorstellungen in Dokumenten aus zwei Jahrtausenden, Freiburg-Basel-Wien (Herder) 1967. Historische Zusammenfassungen und Originaltexte (mit Fritz Krafft).

(9) Fred Hoyle und N. C. Vickramasinghe, Die Lebenswolke –

So empfing die Erde das Leben von den Sternen, Frankfurt (Umschau) 1979.

(10) Harlow Shapley, Wir Kinder der Milchstraße – Die Evolution aus den Tiefen des Kosmos, Düsseldorf-Wien (Econ) 1965.

(11) Otto Heckmann, Sterne, Kosmos, Weltmodelle – Erlebte Astronomie, München-Zürich (Piper) 1976. Der deutsche Altmeister des Fachs schildert hier die Entwicklung im 20. Jahrhundert aus persönlicher Erfahrung.

(12) Albrecht Unsöld, Evolution kosmischer, biologischer und geistiger Strukturen, Stuttgart (Wiss.Verl.Ges.), 1981. Originelle und anregende Synthese aus der Feder des weltbekannten Astrophysikers.

Spezielle Texte

(13) Die Vorsokratiker, übersetzt und eingeleitet von Wilhelm Capelle, Stuttgart (Kröner) 1938 und Neuauflagen.

(14) Winfried Petri, Die betrachtende Kreatur im trinitarischen Kosmos – Auswahl aus Johannes Keplers Epitome Astronomiae Copernicanae; in Kepler-Festschrift 1971, Regensburg (Naturwiss. Verein Rgb.) 1971, S. 64–98. Keplers reifes Spätwerk wird hier erstmals deutsch in wesentlichen Teilen zugänglich.

(15) Immanuel Kant, Allgemeine Naturgeschichte und Theorie des Himmels, München (Kindler) 1971. Der klassische Text, herausgegeben, kommentiert und mit einem wichtigen Anhang versehen von Fritz Krafft.

Register